物理世界访问记

2

管寿沧 ◎ 编著

電子工業出版社
Publishing House of Electronics Industry
北京 • BEIJING

图书在版编目（CIP）数据

物理世界访问记. 2 / 管寿沧编著. -- 北京 : 电子工业出版社, 2024. 8. -- ISBN 978-7-121-48269-4

Ⅰ. 04-49

中国国家版本馆 CIP 数据核字第 2024PN4489 号

责任编辑：孙清先
印　　刷：河北迅捷佳彩印刷有限公司
装　　订：河北迅捷佳彩印刷有限公司
出版发行：电子工业出版社
　　　　　北京市海淀区万寿路 173 信箱　　邮编：100036
开　　本：720×1000　1/16　印张：9.75　字数：249 千字
版　　次：2024 年 8 月第 1 版
印　　次：2024 年 8 月第 1 次印刷
定　　价：39.80 元

凡所购买电子工业出版社图书有缺损问题，请向购买书店调换。若书店售缺，请与本社发行部联系，联系及邮购电话：（010）88254888，88258888。

质量投诉请发邮件至 zlts@phei.com.cn，盗版侵权举报请发邮件至 dbqq@phei.com.cn。

本书咨询联系方式：（010）88254509，765423922@phei.com.cn。

序

他对我说，这本书稿写完了，想让我写序。

我没有回答他，我想先好好地读一读他写的文稿，再说。

这段时间，我仔细、反复地阅读了这本书的书稿，觉得书稿还是有点意思的，有些地方还有点儿看头。我把书稿中的有些内容断断续续地读给我的小外孙听，我发现他很爱听书稿中人物的故事。他听的时候，不但获得了不少知识，还常常会提出一些有意思的问题。

读着，讲着，问着，答着……

我的脑海中陆陆续续地涌现出一段段的文字，大致整理一下，写在下面，作为序。

这本书稿讲述了在 100 年后，师生三人乘坐一架时间机器去采访物理世界三十几位主创人员的经历。

读一读这本书的文字，可以把你载到你无法到达的过去，让你大致了解一些物理学家的工作成就与人生经历；可以让你畅想一下，在他们生活的那个时代，他们在想什么，又在做什么。这也许会让你看到别样的人生与丰富的世界，也可能会让你看到一条路，让你走到更远的地方。

在反复阅读这些文字后，我仿佛看到这个世界像是一座偌大的山林，这里丛林密布，林木幽深；山峦重叠，峰岭逶迤。采访的文字像是林中流过的溪水，山间飘过的白云。流过、飘过，却不会留下什么痕迹，更说不上会结出什么果实，但它们却在无意间，滋润了大地，美化了天空。

这些文字流到丛林的远处，林中一定会萌发出许多新芽；

这些文字飘到山峰的顶上，天空一定会呈现更多的色彩。

2023 年 12 月 23 日

前言

本书说的是师生三人乘坐一架“能回到过去的时间机器”，飞到过去的物理世界，有目的地探访物理世界里的顶级人物。

参与这次活动的有 P、H、W 三个人，他们是 22 世纪中国某所高校的师生，三个人的情况大致如下：

P 学生，非常热爱物理学，善于思考，喜欢提问，对物理学家的访问是以他的提问而展开的。

H 学生，对物理学的历史有着较为深入的了解，对每位被访问者的情况也有较深入的了解，因此，他总会在访问前，对被访问者进行介绍。

W 教授，具有几十年物理教学的经验，了解物理学的历史，熟谙物理学的基础知识。他会对每次访问后的情况进行补充或归纳，并分享一些个人看法。

他们乘坐的交通工具是一架斯托库姆时间机器（简称 F 机），是一架造型奇特的时间机器。它在一维的时间中飞行，每小时可向过去飞行约一个世纪。F 机内还铺设了一套设备，利用已建立的地球互联网，能够与过去在地球上出现过的人及相关机构发生联系，传递信息，确定访问他们的内容、时间与地点。

我们为什么称这个机器为 F 机呢？

1937 年，荷兰物理学家斯托库姆发现了爱因斯坦方程的一个解，它可以实现从现在到过去的时间旅行。1949 年，美国籍奥地利裔数理逻辑学家哥德尔发现了一个更奇怪的爱因斯坦方程解，证实了斯托库姆的看法，并指出若一位旅行者拥有一架 F 机，就可以在时间中旅行，与这个世界里已经逝去的人与事相遇。

到了 22 世纪，宇宙中某星球上的公司，专门制造 F 机。

书中的三位访问者使用地球互联网，从这个公司租赁到一架 F 机，专门乘坐它回到过去，对 20 世纪之前主要的科学家，尤其是物理学家进行访问。他们计划用一年的时间完成这项任务。

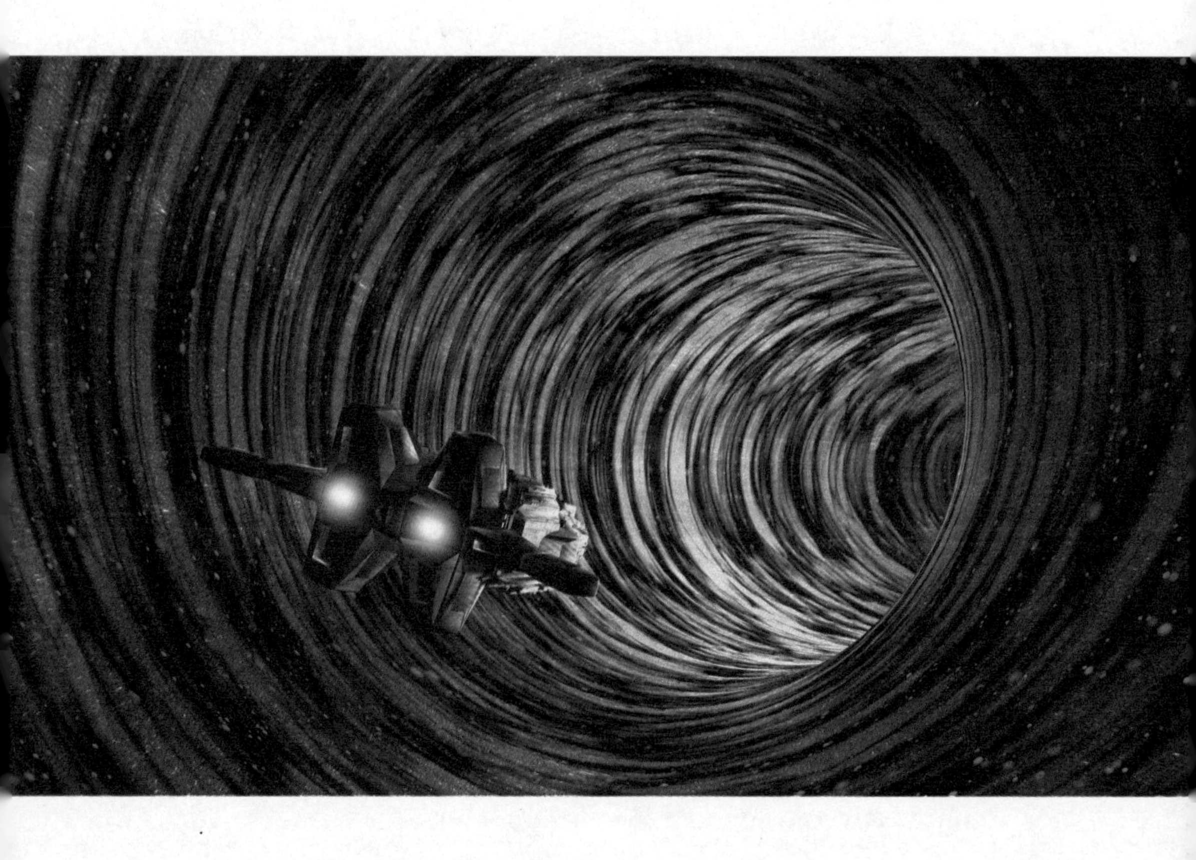

在人类文明的天幕上，物理学的星空分外耀眼，这里的星辰不仅在那个时代熠熠生辉，更为后来人指引了方向。这些耀眼的星辰就是我们要访问的对象，他们以非凡的勇气和智慧，推动了科学的发展，带来了今天的人类文明。

如果你能读到这本书，书中的文字会让你仿佛也参与了这次旷世未闻的访谈，见到发现这个世界运行规律的主要物理学家，聆听他们讲述自己创业的故事。阅读书中的内容，可以让你从科学、历史、社会等方面大致了解他们发现这个世界运行规律的过程和他们的主要成就，也可以让你从科学家的行为和思想中领悟他们的生命价值，还可以让你领悟到他们不断攀登和积极进取的精神世界，看到人类智力活动的升华过程。这些闪光的东西，也许就会激发你对这个世界的兴趣，从而引导你走进这个世界，走向思维深处，对这个世界进行更认真的思考。

2023 年 10 月 23 日

目　录

光　学

电磁学

光 学

采访对象：威里布里德·斯涅尔

采访时间：1622 年 冬

采访地点：莱顿大学

光的世界要采访的主要人物，我们第一站要去荷兰的莱顿大学，采访的对象是斯涅尔教授。我们差不多要向过去飞行 5 个世纪，飞行时间约 5 个小时。登机后，对 F 机的飞行进行了设定，摁下起飞按钮，我们的采访之旅也就开始了。

H 学生开始了他的介绍。他说：

“光的反射现象比较直观，早在古希腊的后期，就已基本上确立了光的反射定律。但光的折射定律发现得就比较晚，是在近代科学兴起过程中逐步建立起来的。我们今天采访的目的，是要了解一下什么是光的折射定律，想知道是谁首先找到了这个定律。

先说一下第一个问题：

“光的折射定律在现行教科书中是这样阐述的——折射定律成立的条件是只适用于由各向同性介质构成的静止界面，光线穿过这个界面时所呈现出来的规律。

“这个定律可以准确地表述为以下三句话。

（1）折射光线位于入射光线和界面法线所决定的平面内；

（2）折射光线和入射光线分别在法线的两侧；

（3）入射角和折射角正弦的比值，对折射率确定的两种媒质来说是一个常数。

“光从光速大的介质进入光速小的介质时，折射角小于入射角；从光速小的介质进入光速大的介质时，折射角大于入射角。

此定律亦称斯涅尔定律。”

H 学生接着说：

“我们今天就要去斯涅尔任教的莱顿大学采访他。

“我先介绍一下莱顿大学。它成立于 1575 年，是荷兰第一所国立大学。它坐落在一个只有十几万人口的小镇上。学校虽不大，但名气挺大，是全球百强名校，世界顶级研究型大学。在后续的采访中，我们要采访富兰克林，会涉及莱顿瓶，而莱顿瓶就出自这所大学，到时也会提到这所大学。

莱顿大学

“莱顿大学风光旖旎，景色优美，整个建筑，层台累榭，非常漂亮。笛卡尔、惠更斯、斯宾诺莎等世界级的名人都毕业于该校，英国首相丘吉尔和南非共和国总统曼德拉在这里求学。20 世纪，这所大学共培养出了 16 位诺贝尔奖得主。爱因斯坦在此任教达二十多年。

“斯涅尔 1580 年生于荷兰莱顿，父亲是莱顿大学的数学教授。他的大学生涯就在莱顿大学度过，主修法律。但他对数学很有兴趣，便开始研读数学。由于他天资聪颖，才华横溢，在 1600 年，20 岁的他就被莱顿大学聘为数学讲师，1613 年，他成为莱顿大学的数学教授。”

听着 H 学生的精彩介绍，约 5 个小时的旅程，我们没有觉得多么疲劳，就到达目的地了。下了 F 机，我们见到了斯涅尔教授。他四十出头的年纪，长脸大耳，短发短须，两眼炯炯有神，穿着高领的长袍，气度高雅。

斯涅尔

他引我们走进了他的实验室，实验室里有各种与实验和测量相关的器材。从实验室的一隅，我们走进了一个明亮宽敞的工作室，采访就在这里开始了。

大家落座后，P 学生首先发言，说：

“尊敬的斯涅尔教授，我们能见到你非常高兴。我们都知道，光学真正成为一门科学，就是从反射、折射定律开始的，尤其是折射定律，人类用了漫长的岁月，才找到这个定律。你很早就做了这方面的工作，我们想了解一下你是如何建立这个定律的。”

“好的。”斯涅尔教授说：

“说起折射定律，早在古罗马后期，古希腊天文学家托勒密（约公元 90—168）曾经专门做过光的折射定律实验。他写有《光学》五卷，可惜原著早已失传，但从留下来的残篇中可知，他写的《光学》第五卷中记有折射实验，并得到这样的结论——折射角与入射角成正比。后来，人们才知道这个结论只有在入射角较小的情况下才适用。

“托勒密的折射定律在欧洲流行了一千四百多年。因为折射定律与天文观测相关，所以德国天文学家开普勒又开始研究这项工作。开普勒只比我大 8 岁，他概括了前人的光学知识，于 1611 年写了《屈光学》一书，我认真地读了他的这本书。在这本书中记载了他做的两个实验。

“通过这两个实验，他没有得到正确的折射定律，他还试图用三角函数对光的折射进行研究，但也没有得到正确的结果。”

“记得那年是 1615 年，我 35 岁。我效仿了开普勒的工作，精心地进行了实验。我在方形容器中盛水，水的上方是空气。我将一束强光射向水面，可以从实验结果清楚地看到，这束光在水中发生了偏折，沿某个方向射了出去。

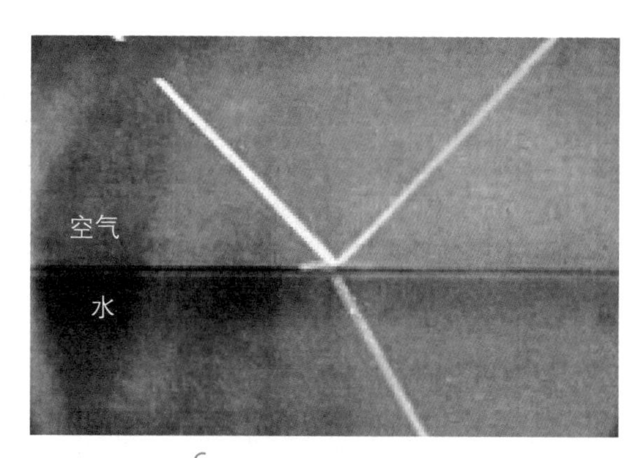

单束光的折射现象

“我又在水平面 A 处垂直立一块木板，让折射光的下端正好通过 F 点。你们看我画的这张图（如下图所示），延长入射光线到

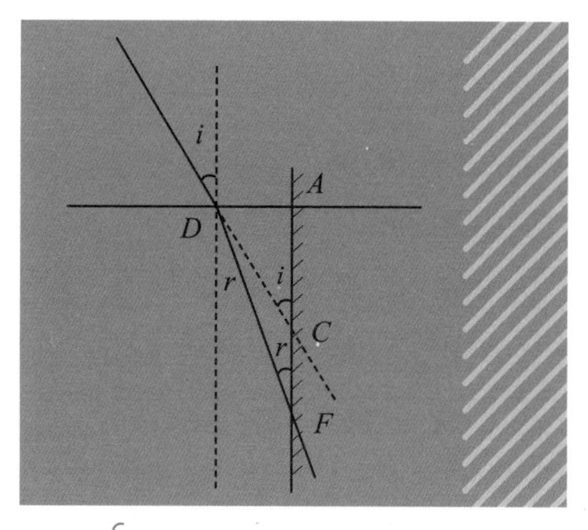

光的折射现象示意图

木板上的 C 点，如果让入射光线的入射角发生变化，则 C 点与 F 点在板上的位置也同时发生上下移动，但经过我仔细地观察与测量，两条线段 CD 与 FD 之比是一个不变的量。若用三角函数来表示，即

$$CD/FD=(AD/\sin i)/(AD/\sin r)=\csc i/\csc r= \text{常量}。$$

“若用文字表述，就是对于给定的两种介质，入射角与折射角的余割之比是一个常数。

“一束光打在两种不同物质的界面上，它的反射规律是很容易测量出来的，入射光线与反射光线相对于法线呈对称状，入射角等于反射角，但对于折射情况，虽然可以观察折射光线的清楚走向，而折射光线与入射光线满足怎样的规律却无从知道。我通过实验得到的上面的结果，究竟对不对呢，我的心里并没有十足的把握，因此，我只是记录了这个结果，并没有公开发表。”

W 教授接着说：

“尊敬的斯涅尔教授，你的研究成果虽然没有公开。但是，到了 1626 年，有人查阅了你的原稿后，发现了你用余割表示的折射定律，虽然与现代的表述不一样，但结果是正确的，因此大家都认为光的折射定律应当是你首先发现的，因此，在现代教科书中，大都把光的折射定律以你的名字命名，叫作斯涅尔定律。”

斯涅尔说：“这太好了，感谢你们的采访，带给我这样的好消息，真是想不到，我的工作延续了五百多年，仍然被人们记得，并使用着。”

听完他关于光的折射定律的介绍，我们的采访就这样结束了。

告别了斯涅尔教授，我们回到了 F 机上，W 教授又开始了他

的演讲，他说：

“到了 1637 年，笛卡尔在《折光学》一书中提出了折射定律的现代形式。他把光束比作一个运动的小球。一束光从一种介质进入另一种介质，就像一个小球通过界面，从一种介质进入另一种介质。由于小球在两种介质中运动的速度会发生变化，轨迹会发生偏折，就像光束发生了折射一样。

“他还做了这样的假定，在同一种介质中，小球运动的速度不会发生变化，而当小球从一种介质进入另一种介质中时，平行于折射平面的速度分量不会发生变化，而垂直于折射平面的速度分量将发生变化，在坚硬的介质中速度大，在松软的介质中速度小。

“他在书中这样写道‘光的运动与这个球的运动遵循同一法则’‘球碰到软的物体比碰到硬的物体更容易丢失运动，就像碰到有桌布的桌面上比直接碰到桌面本身更难以弹起来一样’，光穿过光疏媒质运动时，其运动会丢失得更多，就是基于这些假定，笛卡尔得到了关系式 $\sin i/\sin r$ = 常数。这是光的折射定律的正弦表示式，也就是现代版本的标准表示式。

“这个关系式是正确的，但他的假设并不成立，因为这个假设必须认为光在密媒质中的速度要比疏媒质的速度大，因为‘球碰到软的物体比碰到硬的物体更容易丢失运动’。

“笛卡尔的推导受到费马的批评，他用数学求极值的方法给出了折射定律的正确结果，下面简单地介绍一下费马的解释。

“费马原理又称为‘最短时间原理’，此原理是说‘光线传播的路径是光花时间最少的路径。根据这个原理，就可以导出折射定律。’费马的证明如下。

“设介质 1、介质 2 的折射率分别是 n_1 和 n_2。光线在介质 1 与介质 2 中传播的速度分别为 $v_1=c/n_1$，$v_2=c/n_2$，c 为光在真空中的速度，因为折射率都大于 1，因此介质会减缓光线的速度，折射率大的介质，减缓得大，折射率小的介质，减缓得小。

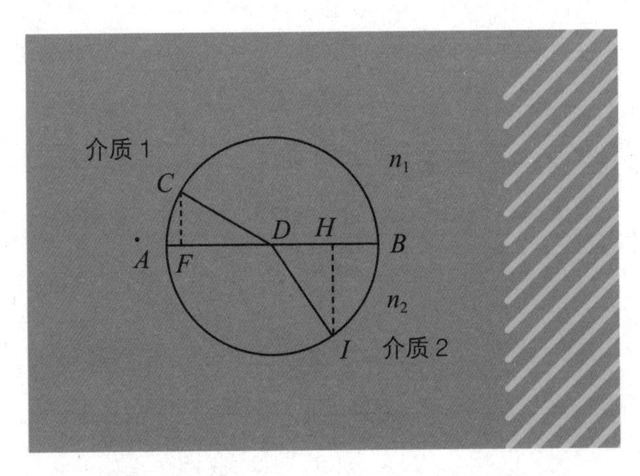

费马证明折射定律示意图

“假设有一束光线从介质 1 中的 C 点，通过界面上的 D 点到介质 2 中的 I 点。在介质 1 中的速度为 v_1，用时为 t_1，在介质 2 中的速度为 v_2，用时为 t_2，则可以写出从 C 点到 I 点所用的时间，根据费马原理，光从 C 点到 I 点所用的时间在数学上就是一个求极值的问题，求导数，就可以求得极值，从而得到折射定律。

“令人惋惜的是，费马去世前并没有发表他的原理。直到他去世 9 年后，才由他的女儿发表了以费马的名字命名的费马原理。费马原理是几何光学中经验定律高度的综合与抽象，它是光在介质中传播的普遍规律。折射定律的确定与费马原理的提出，为解决光学系统的定量计算提供了理论依据。

“最后，我们再来说一说斯涅尔定律，它看似简单，实则博大精深，它蕴含了能量守恒、动量守恒和角动量守恒等基本物理规律。近年来，斯涅尔定律被科学家极大地拓展，产生了许多新的研究成果，比如，光的负折射、超构材料、超构表面、光的自旋霍尔效应等。下面主要说一下光的负折射。

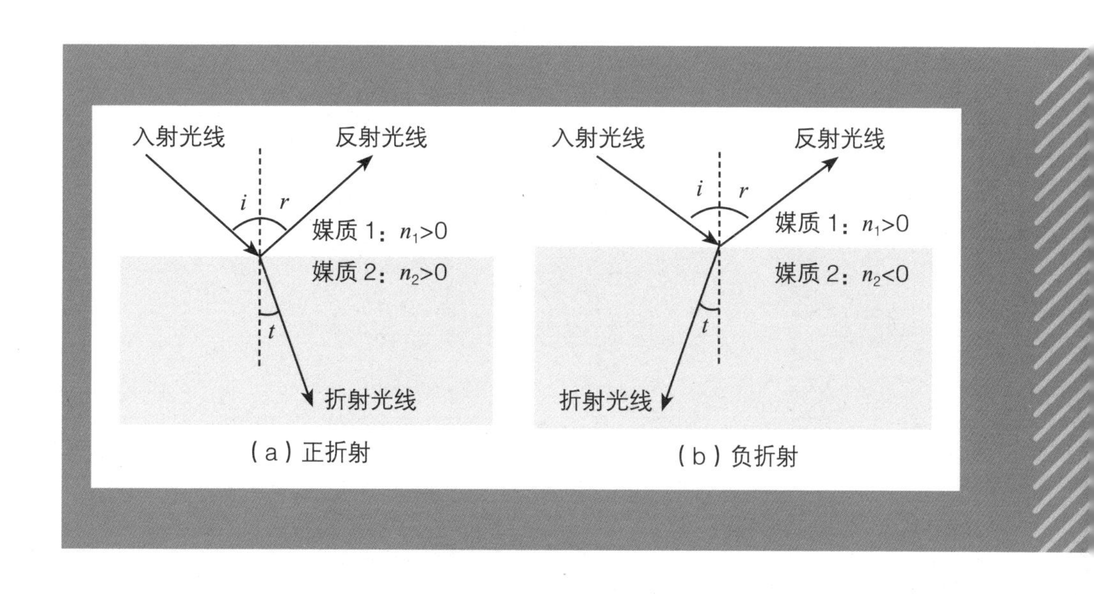

（a）正折射　　（b）负折射

“当入射光线与折射光线居于法线的两侧，是正折射（上图 a）；当入射光线与折射光线居于法线的同侧，是负折射（上图 b）。但迄今为止，自然界还没有形成负折射的材料，因为负折射材料要求材料的介电常数与磁导率同时为负值。2000 年，美国加州大学的科研人员首次设计出了负折射材料，并通过实验验证了负折射现象。负折射材料具有很多新颖的物理性质，可以生成超构材料。超构材料在信息、能源与国防等领域具有重要的应用前景。

“斯涅尔于1626年离世。人们为了纪念他在科学上的贡献，月球上的一个陨石坑就以他的名字命名，称作斯涅尔陨石坑。”

电磁波在大气中的传播路径

电磁波在大气中传播时，会出现传播路径弯曲的现象，有5种基本类型：①负折射；②零折射；③标准折射；④临界折射；⑤超折射。

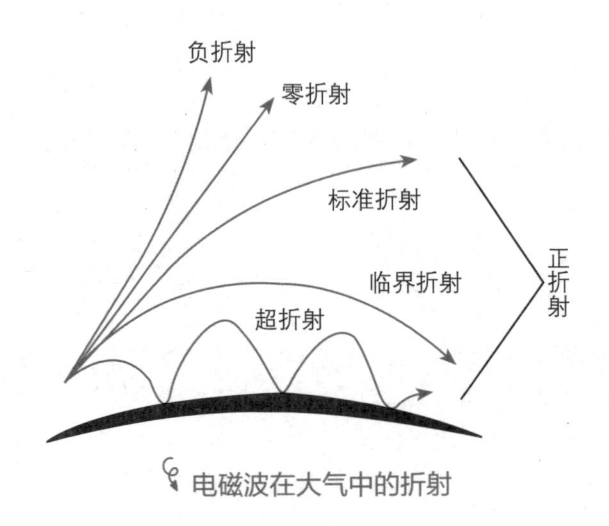

电磁波在大气中的折射

采访对象：克里斯蒂安·惠更斯

采访时间：1680 年

采访地点：巴黎皇家科学院

我们登上了 F 机，向过去飞行了四百四十多年，飞行需要 4 个多小时。目的地是法国巴黎皇家科学院。今天采访的对象惠更斯先生就在这里工作。

飞行不久，H 学生就对这次采访的对象做了介绍。他说：

“惠更斯 1629 年 4 月 14 日出生于荷兰的第三大城市海牙。父亲是一名外交官，母亲是一名诗人，他们与笛卡尔等学界名流交往甚密。厚实的教育与文化传统对惠更斯将来跻身那个时代一流科学家行列有着重要的影响。

“惠更斯自幼聪慧，13 岁就自制了一台车床，表现出极强的动手能力。他对力学的发展和光学的研究有杰出的贡献，在数学和天文学上也颇有成就，是现代自然科学的一位重要开拓者。

“他于 1645—1647 年在莱顿大学学习法律与数学，除学习经典数学，也学习费马、笛卡尔的思想与方法。1647—1649 年转入布雷达的奥兰治学院深造，致力于力学、光学、天文学和数学的研究。

“最初，惠更斯集中精力研究数学，后来又开始研究物理学。1650 年，他完成了一个关于静力学问题的手稿。他研究圆周运动，提出了向心力、离心力的数学表述形式，提出动量守恒原理。1652

年，他将弹性碰撞的规律公式化，并开始学习几何光学，1655 年，他开始自己磨制镜片用于制造显微镜和望远镜。1655 年冬天，他用自制的望远镜发现了土星的卫星并识别出了土星光环，发表了论文《土星之月新观察》《土星系统》。他在钟摆的发明、天文仪器的设计、弹性体的碰撞和光的波动理论方面都有突出的成就。

惠更斯制成的世界上第一架摆钟

“1673 年，他开始研究简谐振动，并设计出用弹簧（不是钟摆）来校准钟表时间的装置，发表了《论钟摆》的论文。1678 年，他写了《光论》，其中论述了他在 1676—1677 年提出的光的波动理论，1690 年该书正式出版。1689 年 6 月到 9 月，他访问英格兰，在那里，他遇到了牛顿。牛顿的《自然哲学的数学原理》引起了惠更斯的仰慕，但牛顿对他的光的粒子理论有分歧。科学界较为普遍的看法是，惠更斯是介于伽利略和牛顿之间的一位重要的物理学家。

“1666 年 5 月，惠更斯被聘到巴黎皇家科学院工作，一直到 1681 年。因此，我们到这里来访问他。”

H 学生的介绍刚完，F 机就到达目的地了。

停机后，我们就到达了巴黎皇家科学院的图书馆前。这里建筑雄伟，环境优美。

我们刚出机舱，惠更斯就走了过来，与我们热情地一一打招呼。他满头鬈曲长发，蓬松地散落到胸前，容貌英俊，风度翩翩，谈吐间透着一种高雅的文化气息。

惠更斯

他领着我们款款而行，边走边做介绍，不知不觉就走进了图书馆中的一个接待室。

大家坐下后，采访也就开始了。

P 学生说：

“尊敬的惠更斯先生，很高兴能在这里见到你，知道你在数学、天文学、物理学方面做了许多杰出的工作。今天，我们想请你谈谈你在光学方面所做的工作。”

惠更斯说：“好的，欢迎你们几位来自四百多年后的尊贵客人，感谢你们对我进行采访。至于我在光学方面所做的工作，主要是建立了光的波动理论，并用这个理论解释了一些光学现象。

“大约比我大 10 岁的意大利物理学家格里马第（F.M.Grimaldi，1618—1663），他在观察光束中一根小棍的影子时，发现小棍的影子宽度比按几何光学计算的要宽一些，影子的边缘还有几条带颜色的带子，这表明光在物体的边缘发生了微小的拐折。他称这种现象为衍射，是他首先提出了‘光的衍射’现象，还做了不少实验。根据这些实验，他提出了对光的看法，他认为光可能是一种能够做波浪式运动的流体，以极快的速度传播，并且光的不同颜色可能是波动频率不同的结果。可以说，格里马第是光波动说的最早提出者。他的重要发现在他离世后的 1665 年才被人们知道。据说牛顿还重复了这样的实验，他让光线通过两个刀口之间的狭缝，使光线产生了更大的弯曲。

“比我大 35 岁的笛卡尔先生是我敬佩的一位大学者，我的波动理论深受他的思想影响。在他的著作《折光学》中，有一个比喻——光通过介质传入人眼，就像机械脉冲沿着手杖传入盲人的手和脑一样，我们看到的光和色，其实并没有某种物质性的东西传入眼睛。笛卡尔认为光在介质中是以某种机械脉冲——像机械波那样传播的，所以，笛卡尔把光看作是一种波动。但他的这一观点似乎并不统一，因为他在分析光的折射时，又把光比作一个小球，利用力学中动量的变化来进行分析。

“比我小 6 岁的 R. 胡克（Robert Hooke，1635—1703，英国物理学家）明确地主张光是一种振动，并根据云母片的薄膜干涉现象做出判断，认为光是类似于水波的某种快速脉冲。在他 1666 年出版的《显微术》中比较形象地描述了他的波动图像——‘在均匀的媒质中，这种运动在各个方向都以同一速度传播，所以发光体的每个脉冲或振动都必然会形成一个球面，这个球面不断扩大，就如同把一块石头投进水中后形成的水面一样，以投入点为中心，形成了周围不断伸展的波，扩展为越来越大的一圈一圈的圆环……’

“我参照了他们关于光是波动的理念，建立了我的波动理论。

“我认为笛卡尔的看法是正确的，宇宙中弥散着无边无际的以太，它就是传播光的一种介质。一个发光体在发光，是组成发光体的微粒在振荡，或者说是有一种脉冲。这种脉冲很快就传给邻近以太中的微粒，让其受激也振荡起来，处于脉冲状态。这就是说，发光体中微小粒子的振动在以太中的传播现象就是光。

“以太中一个微粒的振荡，就会成为一个能发射子波的波源，向周围空间发射球面子波。多个微粒的振荡就形成了多个球面子波，这些子波波面的包络面，就是下一个新的波面，这个波面上的任何一点，又可以作为子波的波源向外发射球形子波，而各子波波面的包络面，又形成了一个新的波面，光就是这样在以太中

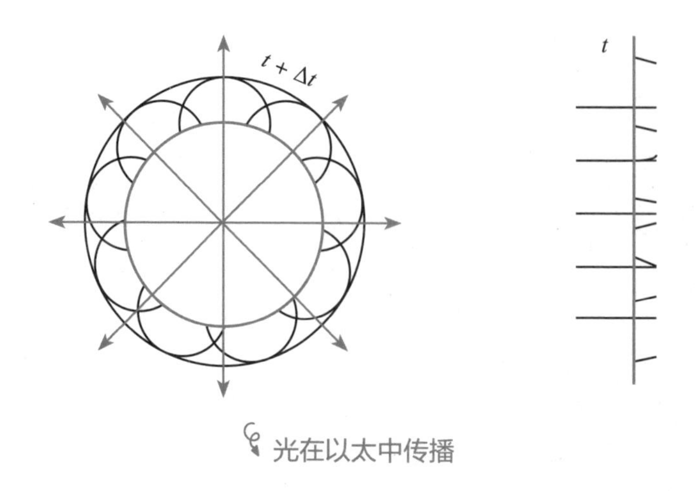

光在以太中传播

快速传播的。显然，在这个传播过程中，以太中的微粒只是振荡着，向四面八方传播脉冲，本身并不移动，只是把脉冲迅速向外扩展。

“这就像声音在空气中的传播。声音是借助看不见、摸不着的空气向周围的整个空间传播的，这是一部分空气粒子的振动向下一部分空气粒子振动逐步推进的一种运动，而且，因为这一运动是向各个方向以相同的速度传播的，所以必定会形成球面波，向外越传越远，最后进入我们的耳朵。

“当然，声与光的传播还是有区别的，一个发声体发声是整个物体或物体的相当大的部分在振动；一个发光体发光则是发光体上的微小粒子在振动，声音是靠空气传播的，但空气这种介质可以被抽走；光是靠以太传播的，而以太是不能被抽走的，所以光在真空中也能传播。

“这样的一种传播方式，相互交叉的光束是不会受到影响的，按照这样的传播图像，我用作图的方法，就清楚地解释了光的反射、折射以及双折射现象，并且得出了光在稠密介质中的传播速度小于在稀疏介质中的传播速度的正确结论。”

惠更斯稍微停顿了一下，又说：

“前面讲了我的波动理论，还有一种说法是说光就是微粒的流动，微粒说的代表人物是牛顿。他认为光束就是一束微粒流从光源飞出，在真空或均匀媒质中做惯性运动。我不同意牛顿的微粒说。1678 年，我在法国科学院做了一次演讲，否定了牛顿的光的微粒说。

“我在这次演讲中指出，在我们的日常生活中，经常会看到两束光线在传播时相互交叉的情形，它们通过交叉区后，各自继续前行，互不影响。这就表明它们一定不是物质微粒，如果有像子弹那样有物质的流动，那么在交叉区物质微粒的相互碰撞，一定会使光束弥散开来或改变方向，但我们没有观察到这种现象，因此光只能是一种波动。

“微粒说在解释光的干涉、衍射等现象时也极为勉强，很难自圆其说，而我提出的光就是一种波动，虽然用我的波动图像目前还不能很好地说明光的干涉和衍射现象，但用我建立的理论和数学模型，容易确定光的方向，并推导出了光的反射和折射定律，圆满地解释了光速在光密媒质中减小的原因，也解释了微粒说无法解释的双折射现象。因此，我相信我的波动说更接近光的本性。

“关于光的波动理论，我就讲这么多。感谢你们认真听完了我的演讲。”

听完惠更斯的演讲，大家觉得没有什么可以提问的了，与惠更斯告别后，登上了 F 机。

不一会儿，W 教授开始了他的发言，他说：

“17 世纪，光的波动理论处于萌芽阶段，惠更斯的波动说作为一种理论仍然是很粗略的，他没有指出光的波动的周期性，没有提出波长的概念，对于光的速度知道得也很少。因此，在当时人们的眼里，他的光学理论无法与牛顿《光学》一书的光学理论相比拟。这一方面是因为惠更斯波动说不完善，另一方面是因为牛顿崇高的威望，因此微粒说在 18 世纪占据主导地位。

“惠更斯原理是近代光学的重要基础理论。理论可以预料衍射现象的存在，但不能对此现象做出解释；理论可以确定光波的传播方向，但不能确定沿不同方向传播的振动的振幅。因此，惠更斯原理是人类对于光学现象的一个近似的认识。后来，菲涅尔对惠更斯的光学理论进行了发展和补充，创立了惠更斯 - 菲涅尔原理，才较好地解释了衍射现象，完成了光的波动理论。

卡西尼 - 惠更斯号在土卫六上空

“我再补充说一件事，1655 年，惠更斯用自制的望远镜看到了土星的光环及土卫六，这里要特别说一下土卫六。惠更斯所说的‘土星之月’就是指土卫六。它的表面约有 400 千米厚的大气层，是由氮、多环芳烃等构成的，由于浓厚的大气造成表面的大气压强约是地球表面的 1.5 倍，表面有液态的碳氢化合物，许多科学家认为它是地外星体中最有可能出现生命的地方。

“1997 年 10 月 15 日，美国航空航天局（NASA）和欧洲空间局 (ESA) 合作，成功发射了‘卡西尼 - 惠更斯号土星探测器’。G.D. 卡西尼（Giovanni Domenico Cassini，1625—1712）是意大利著名的天文学家，比惠更斯大 4 岁。卡西尼 - 惠更斯号土星探测器携带 1 架土卫六着陆器，就是以我们今天采访的主人公名字命名的，叫作惠更斯号，它装有 6 台仪器，于 2005 年 1 月 14 日着陆在

卡西尼 – 惠更斯号绕土星飞行

土卫六的表面，拍摄了许多有价值的真实照片。”

W 教授最后说：

“惠更斯处于富裕家庭和宽松的社会环境中，没有受到迫害和干扰，能自由地发挥自己的才能。他既重视实验，更重视推理，善于把科学实践与理论研究结合起来解决某些重要问题。他留给后人的科学论文与著作有 68 种，《全集》有 22 卷，在碰撞、钟摆、离心力和光的波动说、光学仪器等多方面做出了贡献。但他体弱

卡西尼号完全焚毁于土星大气层中

多病，一心致力于科学事业，终身未婚。1694 年，惠更斯再一次生病，这一次他再没有恢复过来，1695 年的夏天，在海牙去世，享年 66 岁。惠更斯与胡克相继去世后，波动学说一方已无人应战。微粒学说一方的牛顿由于其对科学做出了巨大的贡献，人们对他的理论顶礼膜拜，重复他的实验，并坚信他的微粒学说。整个 18 世纪，几乎无人向微粒学说挑战，也很少再有人对光的本性做进一步的研究。”

采访对象：艾萨克·牛顿

采访时间：1695 年 初春

采访地点：剑桥大学光学实验室

这次又要去采访牛顿，我们与剑桥大学相关方面取得了联系，在得到了牛顿本人的同意后，就可以前往了。据说，牛顿对上次的采访非常满意，因为能把他当年的看法和想法直接带到 22 世纪，因此，他愿意与我们谈谈他在光学方面所做的工作。

我们登上了 F 机，设置好了要去的时间与地点，F 机就开始飞行了，飞了约 5 个小时。在 F 机内，约有 30 平方米供我们活动和休息的空间，机内物资储备充足，总之，在 F 机内的生活，还是比较惬意的。

我们喝着茶，听着 H 学生的介绍。

H 学生说：

“1667 年，我们在牛顿的故居已经采访过他，那时他 25 岁，当我们问他因瘟疫回到故乡期间做了哪些工作时，他首先说到的就是光学。

还记得他是这么说的：

“我在剑桥大学第一次听课的内容就是光学，这使我对颜色有了些初步的思考。1666 年，我做了一系列的阳光色散实验，我认为不同颜色的光具有不同的折射性，阳光就是一系列折射率不同的光的复杂混合物。

光的色散

“牛顿无疑是一位科学巨匠，他不仅在力学上有伟大的成就，在数学、天文学、化学以及光学上都有极高的成就。他在光学上所做的工作，大多是通过反复的实验来完成的，尤其是关于色散的研究，给后世的光学发展带来了重要的影响。他的名著除了《自然哲学的数学原理》，还有《光学》。牛顿在光学上的成就，足以使他列于科学伟人的行列。

“我们今天采访的地点是剑桥大学。该校创办于1209年，是一所誉满全球的世界顶级大学，在该校的千年历史中，涌现出牛

剑桥大学

顿、达尔文等一批引领时代的科学巨匠。这里还走出了 8 位英国首相，92 位诺贝尔奖获得者（21 世纪的统计数字）。院校的建筑群蔚为壮观、气势磅礴，这里还有许多值得欣赏的楼馆、亭院和桥廊。”

约下午两点光景，我们又见到了牛顿。他向我们走来，高视阔步，器宇不凡，虽年过半百，但步履轻健，神采奕奕。他穿着白色高领衬衣，外套是一件绛紫色的大氅，走到近前，他那鬈曲过肩的长发，深邃智慧的双眼，让人过目难忘。

牛顿

像是老朋友的重逢，他热情地接待了从近 5 个世纪后来的客人，并把我们引进了他的光学实验室，采访就在这里进行了。

P 学生开言道：

“尊敬的牛顿先生，离上次采访你快近 30 年了，今天再见到你，风采依旧，精神抖擞。想必你已经知道了我们这次采访的目的，是想了解一下你在光学方面所做的工作。”

牛顿回答道：“好的，下面我就来说一说这方面的情况。

“在剑桥大学学习期间，我很敬佩巴罗教授，他比我大 12 岁，对我的成长以至成为一位物理学家至关重要，因此，我特别感谢他。

“他对光学很有研究，我认真地听他的光学课，还帮他编写《光学讲义》。正因为如此，我很喜欢光学实验，还亲自动手磨制镜片，制作光学仪器，这些也激发了我对光究竟是什么进行了认真思考，并对光的颜色和本性进行了探讨。

“我因瘟疫回到故乡，在这期间，我在光学上做的第一件事就是研究光的色散。什么是色散？简单地说就是颜色散开了，即一束复合光通过某种介质分解为多个单色光的现象。

“说起色散，这是一个古老的课题。因为我们的祖先，很早就看到了雨后天空中出现的彩虹，这一定引起过许多人的想象与思考。我在剑桥大学读书时就知道，在 13 世纪，德国有一位叫西奥多里克的传教士做过这样的实验。他买了一个大玻璃球壳，在里面注满水，有光照射时，就观察到了与天上一样的彩虹，并由此来解释天上的彩虹。这是我最早看到的关于色散的文字记载。

“后来，仍然是在剑桥大学学习期间，我读到了笛卡尔在 1637 年出版的《方法论》。书中说到他对彩虹现象也有兴趣，并用实验检验了西奥多里克的论述，此书中就有一篇附录专门讨论了彩虹现象，并且介绍了他做过的棱镜实验。

“书中这样写道——笛卡尔通过三棱镜将阳光投射到接收屏上，看到了光的色散现象。但是，从他书中提供的实验情况进行分析，可以看到他的实验有缺陷，接收屏与棱镜之间的距离太近，不能看到色散后的整个光谱，他只是注意到了光带的两侧分别呈现蓝色和红色。

“也是在此期间，我读到了只比我大 7 岁的胡克所做的色散实验记录。他用一只充满水的烧瓶代替棱镜，让阳光投射到烧瓶上，在距离大约只有 60 厘米的接收屏上接收到了色散的光，这样的实验也有缺陷，因为烧瓶与屏之间距离小，很难看到色散后的全貌。

“我从 1666 年初起，也就是回到家乡的时候，我研磨了三棱镜，参照了前人的实验，开始了我的色散实验。我封闭了一个房间的窗户，形成了一个暗室，再在墙上开一个小孔，从小孔进入的狭窄阳光直接射到三棱镜上，穿过棱镜后的阳光投射到棱镜后不远的一个白色屏幕上，我观察到了光的色散现象。穿过小孔前的阳光，看似是白光，但通过三棱镜后，就出现了一条赤、橙、黄、绿、青、蓝、紫的光带。

光通过三棱镜示意图

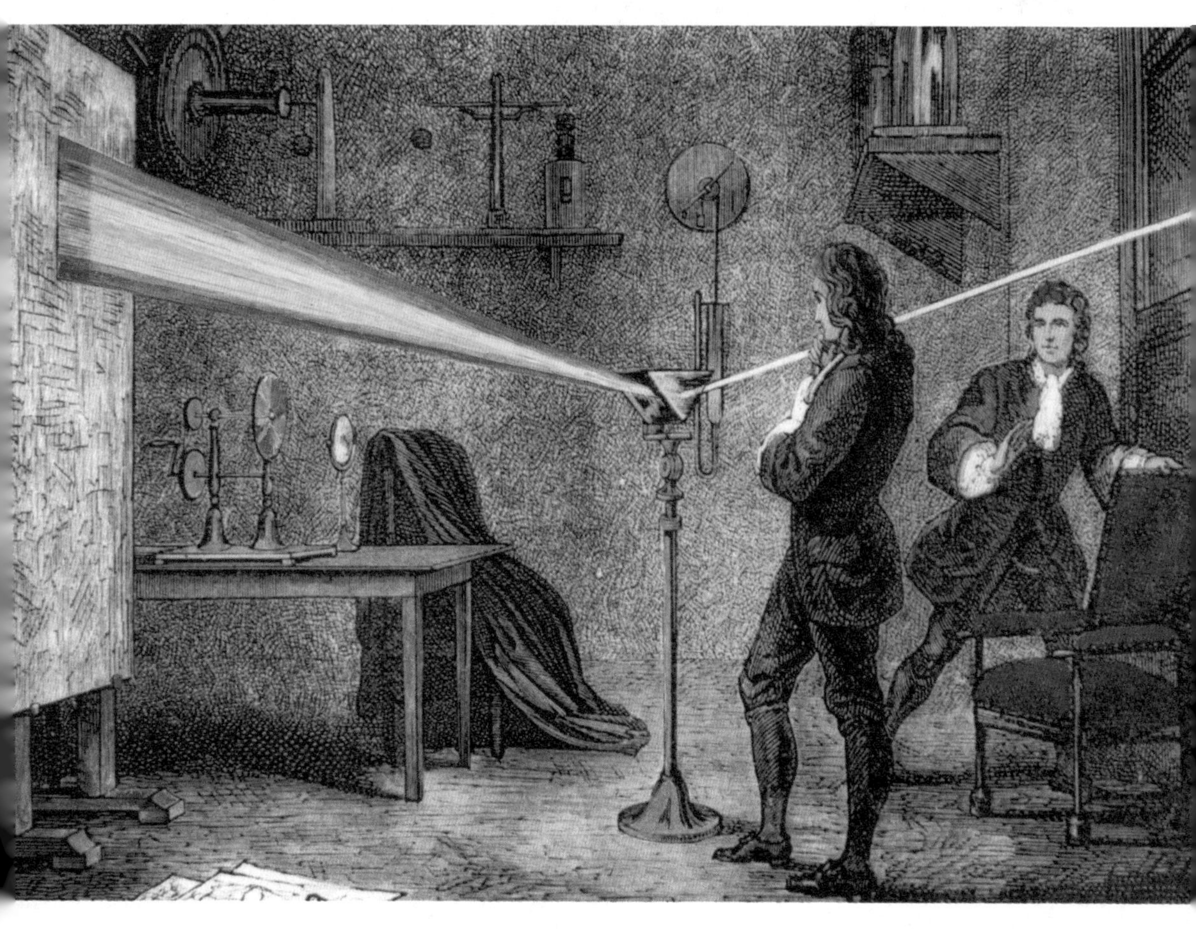

我的实验是将三棱镜与接收屏之间的距离扩展到 6~7 米，让由小孔进入的阳光通过三棱镜后，直接投射到对面墙上的白色屏幕上，因为拉开了镜与屏之间的距离，就获得了展开的色散光谱。在实验现场，我很快想到阳光是由各种颜色的光合成起来的，而不同颜色的光具有不同的折射率，这就使得不同颜色的光线分散开了，从而出现了色散现象。

“我用不同厚度的三棱镜、改变小孔的大小、把棱镜放到室外、把三棱镜倒放等方法进行实验；我更换了光的不同入射方向、计算了多种情形下不同颜色光的折射率等；我还认真地观察光通过棱镜后是否会走曲线，大量的实验结果与现象告诉我——白光就是由不同折射率的各种颜色的光组成的不均匀混合物。

“我重复做了多个色散实验，在这些实验的基础上，我总结了色散的几条规律：

1. 颜色是光线本身具有的一种属性，不同颜色的光具有不同的折射率，它不会因为反射、折射而发生改变。

2. 颜色有两种，一种是原始的单纯的色，一种是由原始的单色复合成的色。

3. 是没有白色的光的，它是由有色的光线按适当的比例混合而成的。

4. 所有的入射光都向棱镜较厚的方向折射，但不同颜色的光偏折程度不同，紫色光偏折程度最大，红色光偏折程度最小。

“1672 年，我把色散问题写成了一篇论文，送交给英国皇家学会，题目是《关于光和颜色的新理论》。这是我写的第一篇论文。

“我对望远镜也做了一些开创性的工作。17 世纪正值望远镜与显微镜问世，伽利略用望远镜观察天体星辰，胡克用显微镜观察微小的物体。他们的做法激起了广大科学爱好者的兴趣。然而，当望远镜的放大倍数增大时，图像边缘会出现色差，像彩虹的色带一样，这类现象有没有什么规律可循？怎样才能消除它呢？

“1668 年，我通过实验肯定了伽利略望远镜（由一块凹透镜和一块凸透镜组成）以及开普勒望远镜（两块凸透镜组成）的结构都不可避免地会出现色差。

“什么是色差呢？它是指组成白光的不同色光在经过光学材料时，由于折射率不同，产生不同的传播光路，这种光路的差会引起颜色与成像的差异，这就是色差。

“为了改善这种情况，我制作了反射式望远镜，它的口径虽然只有 2.5 厘米，但解决了色差问题，能清楚地看到木星的卫星、金星的盈亏，由于反射式望远镜具有这种优越性，我想，后人一定会用到它。

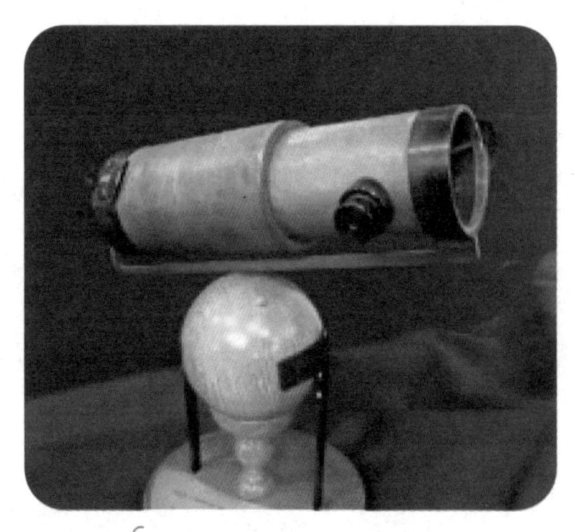

牛顿望远镜（复制品）

“我还做了一个被后人们称作是牛顿环的实验。用一块曲率半径较大的凸透镜的凸面与一块平面玻璃板接触，在阳光下，我可以看到接触点为一个暗点，以暗点为中心，向外还有一圈一圈明暗相间的彩色圆环，环之间的间隔不等，且随离中心距离的增大而逐渐变窄。

“我测量了前 6 个环的半径，发现亮环的半径平方是一个由奇数组成的算术级数，即 1，3，5，7，9，…，暗环半径的平方是一个由偶数构成的算术级数，即 2，4，6，8，10，…，我还用这一结论算出透镜的半径，从而计算出不同地方的圆环所对应的空气层的厚度，但对这一现象的解释，我却遇到了困难，无法解释。

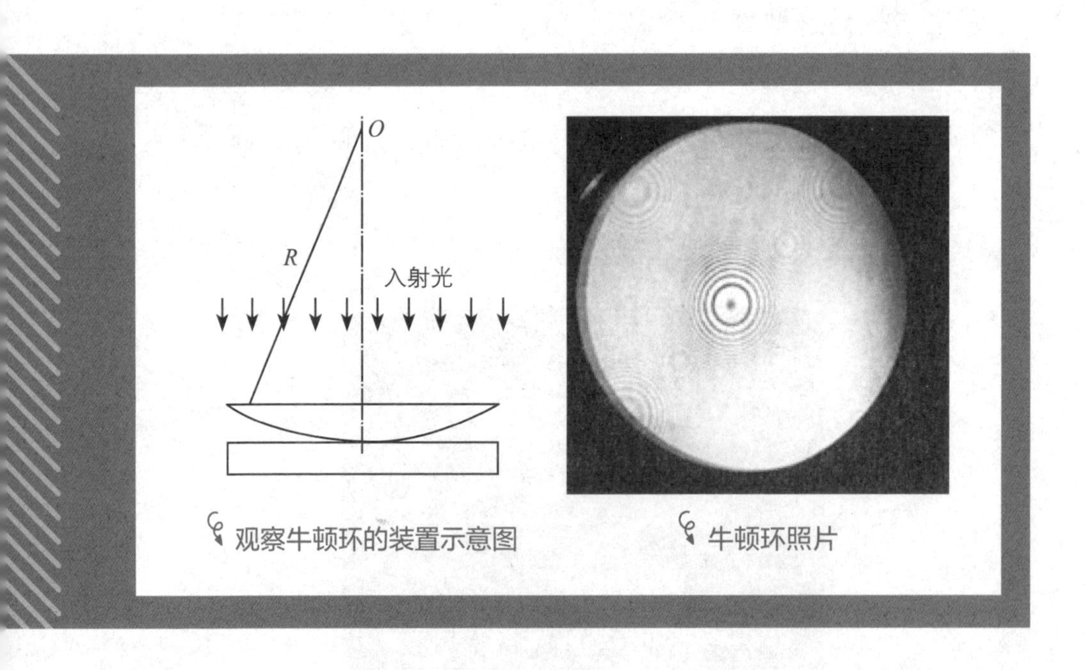

观察牛顿环的装置示意图

牛顿环照片

“我还做了能想到的各种各样的实验，观察到了大量的光学现象。比如，我用发丝、叶片等做光的衍射实验，用各种晶体做双折射实验等。在这些实验中，有些实验现象是我无法解释的，但我想这些问题一定是有价值的。我归纳了约 30 个问题，并把这些问题放到我写的书里，让后人去寻找答案。”

牛顿的演讲，停顿了一会儿。P 同学乘机提了一个问题。他说：

“尊敬的牛顿先生，对于光究竟是什么，能否说一说你的看法。”

“好的。”牛顿答道：

“我把光看作一种物质的流动，即由光源发出的一组速度不同的粒子，这一看法主要是因为波动理论不能解释光的直线前进，因此我感觉粒子理论更接近真相。

“关于光是波还是粒子，惠更斯认为光的本质是波，我认为虽然光的波动说在解释有些现象时，有合理的地方，但我还是倾向于微粒说，主要有以下三个理由：

“第一，波动说不能很好地解释光的直线传播现象。如果光是一种波动，它就应当能绕过物体，到物体的后面去，比如，声波绕过障碍物，在其后面继续传播，但我没有观察到光有这种现象，观察到的都是光是沿直线传播的。

“第二，波动说不能令人满意地解释冰洲石（碳酸钙晶体）的双折射现象，此现象是将一束光投射到冰洲石上时，因为它的各向异性，能出现两束被折射的光线。

“第三，波动说要依赖于介质传播，因此必须有介质存在，可是没有什么证据能够证明，宇宙空间存在着介质，因为天体在运行中，并没有发现因介质存在而出现的阻力。

“基于以上理由，我提出光是一种微粒的看法，但我的头脑里

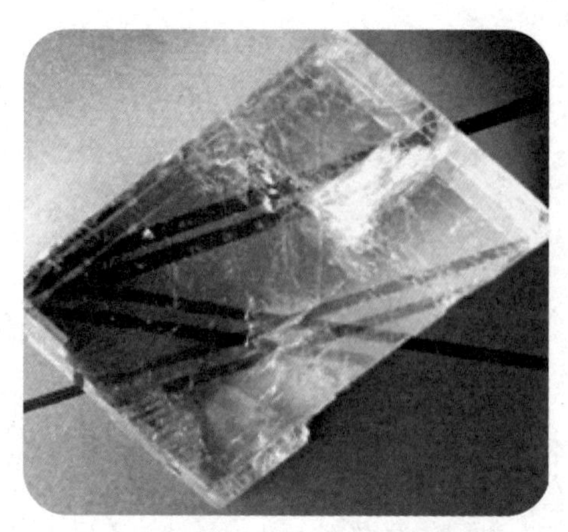

光在冰洲石中的双折射现象

并没有完全排斥波动说的看法，总留着波的影子。”

他接着说：

“我在光学方面所做的工作，主要就是这些，在我的著作《光学》中，有更加仔细与精确的表述。

“非常感谢你们能听完我的演讲。你们若有兴趣，还可以去看一看我做的实验。”

在牛顿的带领下，我们来到他的实验室，参观了当时他所做的光学实验。参观后，这次采访就结束了。

告别了牛顿，我们又回到 F 机上，喝水，用餐，休息了一会儿，W 教授开始了他的发言，他说：

“人类的视觉器官，其视网膜具有红、绿、蓝三种光感神经细胞，当一束光的颜色配比与太阳光光谱相同时，人们感受到的就是‘自然光’，即白光。当只有部分光谱的颜色呈现时，人们就会感受到不同的颜色。

“不同颜色的光有不同的折射率，当天空中一边是阳光，另一边是厚重的积雨云时，天空就会出现彩虹，这就是云朵中或云朵下存在细小的雨滴反射的太阳光而出现的现象，牛顿的《光学》告诉了人们出现彩虹的原因。

“牛顿首先把太阳光分成七种颜色，发现白光是由多种颜色的光组成的，其意义是重大的，正是从这里开始，就有了人们对光谱的研究，建立了光谱学。有了光谱学，科学研究就有了一个新分支。

“光谱测量可以收集大量的信息，我们认识世界的绝大部分数据来自光谱测量。比如，在望远镜目镜的一端接一台光谱仪，就可以收集恒星和星系的质量、温度、化学组成及其他属性。光谱学可对某种物质作定性的化学分析，获得其成分与结构，还可以发现新的物质元素，比如，氦就是在日冕的光谱中发现的，所谓日冕就是在日全食时，在黑暗的太阳表面出现的一层淡黄色的光芒。人们从光谱红移的大小，再根据多普勒效应，就能测定恒星的远离速度，了解宇宙膨胀的情形。

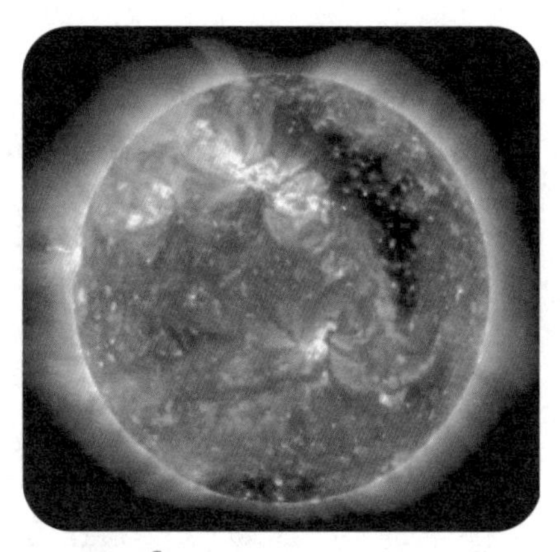

X 射线波段日冕

“牛顿环是光的干涉现象的一种，在平凸透镜与平面玻璃之间，形成了一个很薄的空气膜。光照射下有一部分光从这个薄膜的上表面向上反射，另一部分光则从它的下表面向上反射，这两部分光发生干涉，结果就出现了牛顿环。用光的波动理论，这种现象是很容易解释的。牛顿对牛顿环做了精确的测量，可以说他已经走到了光的波动说的边缘，但由于他偏爱微粒说，因此没有能给出正确的解释。直到 19 世纪初，英国科学家托马斯 · 杨才用光的波动说圆满地解释了牛顿环，他是我们下一位要采访的对象。”

“牛顿的光学研究是从实验出发，进行归纳和综合，总结出的一套较为完整的理论。这些研究已经被记录在他 1704 年出版的《光学》一书中。这本书涉及的研究方法，为后人树立了榜样。

“牛顿在他生命的最后 25 年里没有什么重要的发现，并不像他 25 岁时具有像瀑布一样奔涌倾泻的创造灵感。有的传记说，这是因为他年纪大了的原因；有的传记说，这是因为他把他所处的那个时代能想到的所有可能的想法都已经想尽了。

“无论怎么说，他的一生已经做得够多了，他是物理世界最耀眼的那颗星星。

“牛顿晚年患有膀胱结石、风湿等多种疾病，于 1727 年 3 月 31 日深夜在伦敦去世，葬于伦敦西敏寺，享年 84 岁，人们为了纪念他，用他的名字命名了力的单位。”

采访对象：托马斯·杨
采访时间：1820 年 初夏
采访地点：伦敦某宅第

这次采访，我们飞行的目的地是英国伦敦，飞行的时间是向过去飞行约 3 个世纪。登上 F 机后，设定好了飞行的目的地和时间，F 机起飞后，这次采访就开始了。

首先，H 学生开始了他的介绍，他说：

“1773 年 6 月 13 日，托马斯·杨出生于英国萨默塞特郡米尔弗顿的一个富裕家庭。他从小就是个不折不扣的神童，2 岁时就能阅读；4 岁时就能将英国诗人的佳作和拉丁文诗歌背得滚瓜烂熟；不到 6 岁，他已经把《圣经》从头到尾看了 2 遍；9 岁时，他掌握了车工工艺，能自己动手制作一些物理仪器；几年后，他学会了微积分，还能制作显微镜与望远镜；14 岁之前，他已经掌握了十多门语言，包括希腊语、意大利语、法语等。他不仅能够熟练阅读，还能用这些语言做读书笔记。之后，他又把学习范围扩大到希伯来语、波斯语、阿拉伯语。他不仅阅读了大量的古典书籍，还阅读了自然方面的现代图书。中学时期，他就读完了牛顿的《自然哲学的数学原理》和拉瓦锡的《化学纲要》，以及其他一些科学著作。

“托马斯·杨的职业选择受到了叔父的影响而学医，行医。他 19 岁到伦敦学习医学，21 岁由于研究眼睛的调节机理而取得了成就，成为皇家学会会员。22 岁，他又到德国的哥廷根大学学习医学，一年后便取得了博士学位。”听着 H 学生滔滔不绝的介绍，不知不觉间我们就到达了目的地。

F 机停在了伦敦的一座宅第前。

我们刚下 F 机，就看到托马斯 · 杨已站在院门外。见到我们后，他就快步迎了过来。他是一位精神抖擞的中年人，走近一看，不仅透着一种超然的睿智，还有一种卓然的俊气。

托马斯 · 杨

他领我们进了他家的院落。

院落是一处幽静安逸的三层楼房，房前有一个大园子。我们进得园来，真可谓庭院深深，浓荫重重，花草树木，色彩缤纷，真是一处好住地。

他把我们迎进了一楼客厅，这是一间宽敞明亮的会客室。大家落座后，我们的采访就开始了。

P 学生开口道：

“尊敬的托马斯·杨先生，很高兴能在这里见到你，我们这次来的目的是想听一听你在光学方面所做的工作，包括你对光的本性的一些看法。应当说，你在光学方面的成就，具有里程碑式的意义。”

托马斯·杨说：“欢迎你们的到来，我在光学方面的工作主要是在近 20 年之前完成的，结果并不令人满意，还存在缺陷，但后来，我逐渐地了解到，从光学发展的历史来看，也许还是有些价值的。

“下面，我就讲一讲我在这方面所做的工作。”

“牛顿在他 1704 年出版的《光学》一书中，提出光是由微粒组成的，在之后的近百年时间里，人们对光学的认识几乎没有多少进展。我接触光学之后，就对这个问题进行思考，做了大量的实验，使我对光有了新的看法。

“因为我爱好乐器，我对声波有了较多的研究，知道声音是一种波动，是通过空气振动来传播的。在研究过程中，我常想，光会不会也和声音一样，也是一种波动呢？

“1800 年，我向英国皇家学会递交了《在声和光方面的实验和问题》报告。我认为声和光都是以波的形式传播的，光是在充满整个空间的以太中传播的弹性振动，由于以太极为稀薄，所以光以纵波的形式传播，光的不同颜色与声音的不同频率是类似的情形。

“1801 年，我在英国皇家学会宣读了一篇关于薄板颜色的论文，直接提出了光波频率和波长的概念，提出了两束光若相遇，与声波一样，在同一处是两列波在此处振动的相加，也称叠加，这就是我提出的‘干涉原理’。

“我的实验是这样做的，用紫外光——这个光是我们看不见的，将其投射到透明的薄板上，使紫外光从上下两个界面反射，从而使向上反射的两束光发生干涉，再让干涉光投射到涂有氯化银溶液的纸上，由于紫外光与溶液的作用，纸上出现了黑环，这也就证明了我的干涉理论。我测量了条纹之间的间隔，由此还确定了不同颜色光的波长。

“我所说的‘干涉’，归纳起来，就是当来自同一光源的两束光在一个区域内相遇，在这个区域出现的效果就是各自波动的叠加。由于两束到达区域某处的波动步调有相同或相反两种情况，叠加的结果是有些区域加强（步调一致），而有些区域减弱（步调相反），形成一个稳定的强弱分布区域。

“我用这个理论，清楚地解释了牛顿环中的明暗条纹。牛顿环的出现就是由于不同界面反射出来的光互相叠加而产生的‘干涉’。这里的叠加是指各列波在相遇处振动幅度相加，其结果出现了或相互加强，或相互抵消的情况，实验的结果直接证实了我的看法。这就确实地证明了光就是一列波，是一种波动，因此，我不同意牛顿关于光是粒子的说法。

“1801 年，我写了《关于声和光的实验与研究纲要》一书，书中是这样写的——‘尽管我仰慕牛顿的大名，但是我并不因此而认为他是万无一失的。我遗憾地看到，他也会弄错，而他的权威有时甚至可能阻碍科学的进步。’

“根据研究，我提出了光的干涉现象产生的条件以及获得相干光的方法。对于双缝干涉实验能产生干涉的条件是，使用的光必须出自同一个光源，双缝之间的距离不能太远，要能让双缝出来的光射到屏上的同一个地方。

“我当时的双缝实验是这样做的——让一束光先通过一个小针孔（S），再通过两个小针孔（S_1、S_2），变成两束光。两束光来自同一光源，所以它们有相同的振幅、频率和相位，这是这两束光发生干涉的条件。两束光通过双孔后射到屏上，屏上果然看见了明暗相间的干涉条纹。

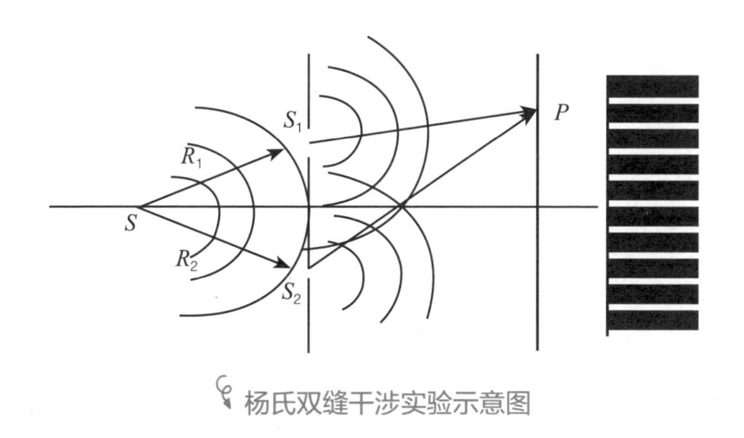

杨氏双缝干涉实验示意图

“下面，我给你们演示一下这个实验。”

看来，托马斯·杨早为我们的这次采访做了准备，他非常娴熟地在一张长条桌上摆好了光源、单缝、双缝、接收屏，打开光源后，我们在接收屏上看到了明暗相间的干涉条纹。

实验做完后，他又开始了演讲。

“1807 年，我出版了《自然哲学讲义》，在这本书中，我进一步阐述了干涉原理，描述了衍射实验和著名的双缝实验。我首先指出干涉现象是波动的普遍特征，并用这个原理解释了许多光学现象，而且被实验所证实。但是，令人遗憾的是，我的工作非但没有引起人们的认可，反而遭到了否定和讥讽。

“有一本叫《爱丁堡评论》的杂志，对我的论文发起了激烈的攻击。说我提出的干涉原理‘荒谬不堪’‘逻辑不通’‘没有任何价值’‘没有任何一点点意义’‘只会遏制科学的前进’，等等。

“我对这些否定和讥讽进行了反驳。

“我专门写了小册子宣传我的思想，但整个社会都不理解我。我的小册子只卖出去了 1 本。鉴于这种情况，我告别了我的光学研究。在之后的 12 年中，我行医，研究文献学，特别是对象形文字的解读，这些研究使我在考古方面取得了一定的成就。

“后来我得知，在法国，菲涅耳的光学研究取得了成功，获得了与我相近的结果，而且还在宣传我的理论，我又关注起光学研究工作。我与他通信，取得了联系，达成了许多共识。

“我就讲这些吧，谢谢你们能认真听完我的演讲。”

托马斯 · 杨讲完后，与我们一一握手告别。

回到 F 机上，W 教授开始了他的讲话。他说：

“光的波动说在长达一个世纪之后，从被人们忽视又重新被提起，就是因为托马斯 · 杨的工作。他的论文是继牛顿光学理论之后，关于波动光学最有价值的学术论文。

“托马斯·杨在物理学上做出的最大贡献是关于光学，特别是光的波动性质的研究。1801 年，他进行了著名的以他的名字命名的杨氏双缝干涉实验，发现了光的干涉性质，证明光是以波动形式存在的，而不是牛顿所想象的光颗粒，该实验被后人评为‘物理最美实验’之一。

“他在物理光学领域的研究是具有开拓意义的，他第一个提出了光的干涉概念，测量了 7 种光的波长，最先建立了三原色原理——指出一切色彩都可以从红、绿、蓝这三种原色中得到。

“托马斯·杨圆满地解释了光的干涉现象，提出了干涉原理，并且测定了光的波长，对光的波动理论做出了重要贡献。但他的见解大部分是定性的，而且他认为光是纵波，这给他的理论带来了缺陷。

“托马斯·杨还是分析弹性体冲击效应的先驱，他指出杆受轴向冲击力以及梁受横向冲击力时，可从能量进行分析而得出定量的结果。他对材料的扭转、偏心拉压等问题也有研究，后人为了纪念他在弹性力学方面的贡献，把纵向弹性模量称为杨氏模量。在工程方面，他提出船壳强度的分析方法，他研究过血液的流动，第一个用力学方法推导出脉搏波的传播速度公式。

“1814 年，托马斯·杨 41 岁，在这个时候，他对象形文字产生了兴趣。拿破仑远征埃及时，发现了刻有两种文字的著名的罗塞达石碑，这块石碑后来被运到了伦敦。罗塞达石碑据说是公元前 2 世纪埃及为国王祭祀时所竖，上部有 14 行象形文字，中部有 32 行世俗体文字，下部有 54 行古希腊文字。之前已经有人研究过，但并未取得突破性进展。托马斯·杨解读了中下部的86行字，破译了13位王室成员中的9个人名，根据石碑文中鸟和动物的朝向，发现了象形文字符号的读法。

“由于他的这一成果，诞生了一门研究古埃及文明的新学科。1829年托马斯·杨去世时，人们在他的墓碑上刻上这样的文字——‘他最先破译了数千年来无人能解读的古埃及象形文字’。

“托马斯·杨一生兴趣广泛，博学多才。他除了以物理学家闻名于世，在其他领域也都有所建树。他从小就广泛阅读各种书籍，对古典书、文学书以及科学著作无所不好；他精通绘画、音乐，几乎掌握了当时的全部乐器；他一生研究过力学、数学、光学、声学、生理光学、语言学、动物学、埃及学等，可以说是一位百科全书式的学者。

“晚年的托马斯·杨，成为举世闻名的学者，为大英百科全书撰写过四十多位科学家传记，并编撰了包罗万象的无数个条目。除了科学，他还沉浸于艺术，过着多姿多彩的生活，音乐、美术甚至杂技一直滋养着他的生命。他精力旺盛的一生，于1829年结束，享年56岁。就在去世前，他还在编写一本埃及字典。

托马斯·杨被人们称为世界上最后一位什么都知道的人。他的一生只有短暂的56年，却十分丰富和精彩，令人赞叹，他生命中的每天都没有虚度。

“20世纪的物理学家，用电子来做双缝实验，电子是一个粒子，而出现的干涉图像又像是波，这就引起了人们的深思，电子是波还是粒子呢？玻尔等人也许就是由此提出了量子理论的哥本哈根解释，对量子理论的发展产生了影响。”

采访对象：奥古斯丁－让·菲涅耳
采访时间：1825 年 初夏
采访地点：巴黎的一处民宅

我们飞行的目的地是法国巴黎，飞行的时间是向过去飞行约 3 个世纪。登上 F 机后，设定好飞行的地点和时间，F 机就起飞了。

接着，H 学生开始了他的介绍，他说：

“我们今天采访的对象是法国物理学家菲涅耳。1788 年 5 月 10 日，他出生于法国诺曼底省布罗利耶的一个建筑师家庭，由于他自幼体弱多病，就在家中接受母亲的启蒙教育。1806 年毕业于巴黎综合工科学校，1809 年又毕业于巴黎桥梁与公路学校，并取得了土木工程师文凭。

“从巴黎桥梁与公路学校毕业后，他在政府机关担任工程师，从事道路建设工作，但在业余时间，他痴迷于自己感兴趣的科学研究工作中。从 1814 年开始，他把注意力转移到了光学。

“1815 年，因反对拿破仑，菲涅耳被解除职务，并被关押起来。同年，滑铁卢之战拿破仑败北，菲涅耳获得了自由。在关押的几个月中，菲涅耳有了大量的时间，他改变了之前只在业余时间进行研究的状态，开始全身心地投入到光学研究，尤其是关于光的衍射研究，并引发了人们对光的本性认识上的大转变。”

说话间，我们已到达目的地。

刚出机舱，我们就见到了菲涅耳，明亮的大眼，挺直的鼻梁，俊俏的嘴角，英俊的外表，他是一位帅气十足的中年男子。

菲涅耳与我们热情地一一握手，随即领着我们进了一个院子。

一进院门，绿树成荫，简朴宁静，是一位科学家居住的好地方。我们走进了一个敞亮简洁的会客室。落座后，采访就开始了。

菲涅耳

P学生说："尊敬的菲涅耳先生，见到你非常高兴，我们想了解一下你在光学方面所做的工作，以及你对光的认识。"

菲涅耳说："好的，下面我就说一说我做的工作。

“我在 1815 年向法国科学院提交了我的第一份关于光的衍射的报告。我后来才知道，这时已经有一篇由英国物理学家托马斯·杨写的关于光的衍射的论文，但我那时并没有看到他的文章。

“所谓光的衍射，是说光在传播的过程中，遇到障碍或小孔时，光将会偏离直线传播的路径而绕到障碍物的后面继续传播，还可能形成一些明暗相间的条纹，这种现象就是光的衍射。

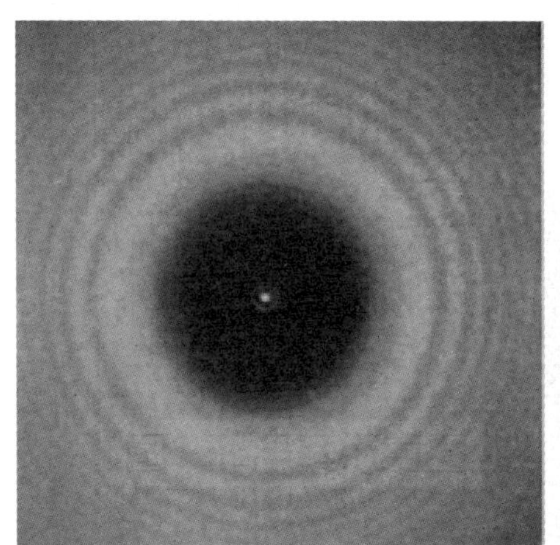
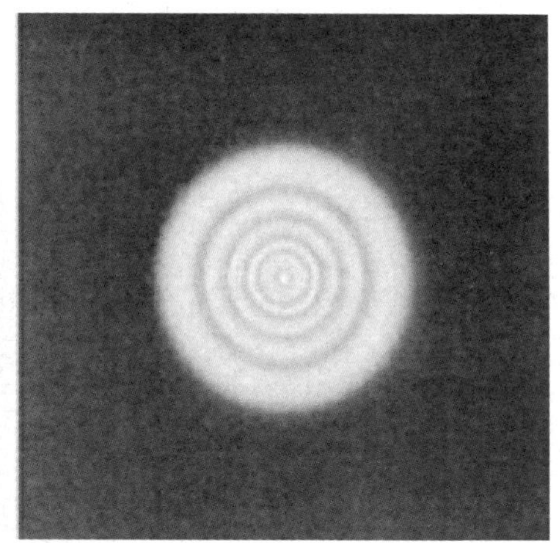

菲涅耳衍射

“在这篇报告中，我以惠更斯原理为出发点，展开了关于光波衍射的研究。我认为在各个子波的包络面上，由于各子波的相互交叉叠加，使得合成后的波具有明显的强弱差异，形成了明暗交叉的各种条纹，这是惠更斯原理的进一步拓展，而且衍射条纹也出现了，并形成了明确的物理图像。

“我的同事 P.-F.-J. 阿拉戈（Dominique-François-Jean Arago，1786-1853，法国物理学家）非常同意我的看法，热情地赞扬这篇报告，而且正是这篇报告，使他改变了原来的立场，也站到了光的波动说这一边。

“说到光的本性，历史上主要有两种观点——以牛顿为首的粒子说，认为光就是一束微粒，不依靠介质在空间高速传播，而且光的直线运动说明了这一点；另一种观点是波动说，胡克认为光是一种振荡，类似于水的波动；惠更斯认为光就是在以太这种介质中传播的脉冲。我赞同惠更斯的看法，而且正是在他的理论的基础上，解释了光的衍射现象。

“我坚信光就是一种波动，并用这种看法建立了理论，使我获得了一次大奖。

“那是 1818 年，法国科学院提出了一则悬赏征文活动。论文的题目是《用精密的实验验证光的衍射现象》，并根据实验结果，用数学的方法来阐述光通过物体附近的运动情况。

“我后来才知道，主持这项活动的著名科学家大多是微粒说的积极拥护者。竞赛的本意是想通过这次征文，找到能用微粒理论对光的衍射现象做出解释，以期取得微粒论的决定性胜利。

“我当时 30 岁，是一位没有名气的小人物，看到征文题目后，我很感兴趣，因为这正是我长期以来研究的题目之一，是我的强项。我认真地做了相关实验，根据实验的数据结合我的理论，提交了我的应征论文。论文以严密的数学推理和确凿的实验证据，从横波的观点出发，圆满地解释了光的衍射现象。

“在评审委员会成员中，著名的数学家、力学家和物理学家 S.-D. 泊松（Siméon-Denis Poisson，1781—1840）对我的论文提出了否定意见。他在审查我的应征论文时还发现，如果运用这个

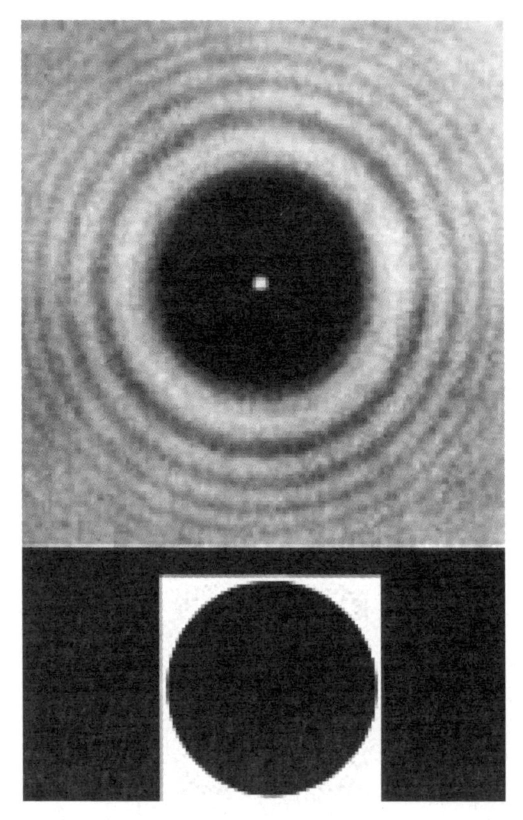

图的下面是一个挡住光线的圆盘，上面是它的衍射图，中心有一亮斑

理论，就会算得一个奇怪的结论——用一个小的圆盘挡住射来的光束，由于圆盘边缘的衍射，在离圆盘一定距离的接收屏的中心就会出现一个亮斑。泊松认为，在一个圆盘的影子中，其中心是怎么也不可能出现亮斑的，出现亮斑，必然存在谬误，我的说法是不可能成立的。

“泊松提出了这一看法，弄得评委们不知所措，解决这个问题最好的办法显然不是权威说了些什么，而是通过实验，我们看到了什么。

“我与阿拉戈很快就做了实验，结果显示，盘影的中心确实出现了亮斑，我们看到的亮斑是那么真切和清晰。这一实验结果，甚至出现了一种轰动效应，轰动了整个法国科学院。

“在物理世界里，实验结果无疑是最高的判定依据，我的征文获得了成功，荣获了这次悬赏征文的科学奖。此后，粒子说遭到了重创，但是富有戏剧性的是，后来人们把盘影中心的亮斑以否定者的名字命名，叫泊松亮斑，因为无论怎么说，这个亮斑是泊松首先算出来的。”

“我还在偏振光的干涉方面做了一些工作。光波是一个横波，它的振动方向与光传播的方向是相互垂直的，对于通常的自然光，波的振动的空间分布相对于光的传播方向是对称的，如果出现不对称的分布，比如，一边振动强，另一边振动弱；或者一个方向有振动，另一个方向没有振动，这就叫作光的偏振。

“我和阿拉戈合作研究光学多年，还总结了偏振光的干涉规律。我先说一下什么是光的干涉，所谓干涉，就是振幅、频率和相位相同的两列波相遇，叠加出现了强弱相间的稳定分布的现象。我们通过大量的实验，得到了两束偏振光相干的规律——两束互相垂直的偏振光，彼此不会发生干涉，而偏振方向相同的两束光，像寻常光线那样，能发生干涉。

“我认为光就是横波，并做了两个方面的工作，一是从惠更斯原理出发，以新的定量形式解释了光的衍射现象；另一个就是与阿拉戈一起确定了偏振干涉现象。

“我要介绍的也就是这些了，谢谢你们的采访。”

听完菲涅耳先生的介绍，采访就结束了。我们与菲涅耳握手告别后，又回到 F 机上。

W 教授开始了他的发言，他说：

“菲涅耳是在毫不了解托马斯·杨的研究成果上独立地提出了光的波动理论。令人高兴的是，他与托马斯·杨之间并没有发生优先权之争。当阿拉戈把菲涅耳的论文介绍给托马斯·杨的时候，托马斯·杨对此进行了高度的评价。

“也许正是这些物理学家齐心协力，微粒说一统学界的局面被打破了。19 世纪，光的波动说站到了光学理论的制高点，使光学理论上升到了一个新的高度。

“菲涅耳的研究成果，标志着光学进入了一个新的时期，对牛顿的粒子说提出了有力的挑战，人们因此称菲涅耳为物理光学的缔造者。此外，他还设计了一种特殊的透镜，叫作螺纹透镜，有很强的聚焦能力和广泛的应用，人们也称它为菲涅耳透镜；他还算出了光在运动媒质中传播时所谓的‘曳引系数’，以后也被实验所证实。

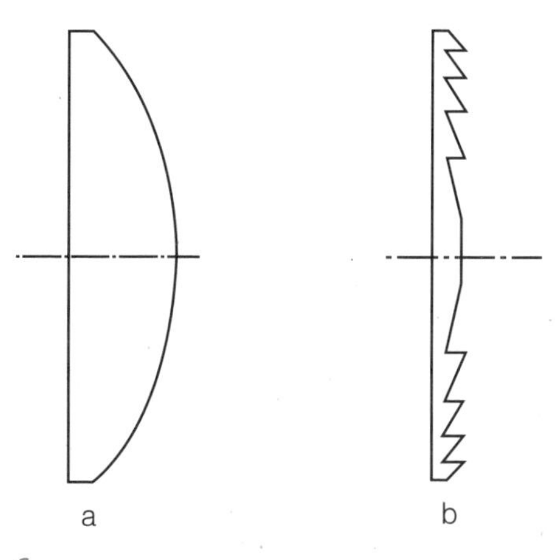

普通透镜（a）与菲涅耳透镜（b）

“虽然菲涅耳在1823年后被评为法国科学院院士，1825年被选为英国皇家学会会员。但他在有生之年，对光学所做的贡献并没有得到学术界的普遍认同。一直到他过世后多年，很多论文才开始被法兰西学院付印发表。

“长期以来，他是一位依靠微薄的收入维持自己科学研究的工作者，到1823年被评为法国科学院院士，用于科学研究的债务总算还清了，但他的健康因此受到了很大的损害。然而，科学研究却给了这位科学家最大的乐趣。他在1824年写给托马斯·杨的信里这样写道，‘深藏在我内心的那种感觉是这样的，世俗对于荣耀的追寻与爱慕，是何等的单调乏味；至于阿拉戈、拉普拉斯等给予我的赞赏，远不及我因发现大自然的奥秘而建立的理论，并用实验的验证得到的正确结果而获得的喜悦。’从这里，我们看到了一位科学家的内心世界，一个伟大科学家心灵深处的闪光。

“1824年，菲涅耳因大出血不得不终止了一切科学活动，1827年7月14日因肺病在阿夫赖城逝世。在他只有39岁的短暂一生中，菲涅耳对经典光学的波动理论，做出了卓越贡献。

“在埃菲尔铁塔的4面共刻有72位法国知名人士的名字，面向法兰西军校的那一面，第40位就是菲涅耳。”

埃菲尔铁塔

电磁学

采访对象：威廉·吉尔伯特

采访时间：1602 年 初春

采访地点：英国皇家医院

我们从北京登上了 F 机，开始了约 5 个小时的飞行，飞到 17 世纪初。

在 F 机里，H 学生介绍了相关的资料，他说：

“关于磁现象，大约在公元前 3 世纪成书的《吕氏春秋 · 精通》中就有磁石吸铁的记载，到了战国时代，人们就发现了磁体有指向确定方向的极性，并利用这一性质制造出了指南针（古代叫司南），公元前 3 世纪战国末年的《韩非子 · 有度》中就有记载。到了东汉，在王充的《论衡》中有比较具体的描述。今天的人们还根据这个描述，复原了古代司南的原型。这是我国古代的四大发明之一，对世界的文明做出了贡献。

“关于电磁现象，我国古人很早就有了发现。约公元 20 年前后（西汉末年），古籍中就有记载，说有一种叫玳瑁的海洋生物，是与龟类似的爬行动物，其甲壳呈黄褐色，有黑斑，很光滑，摩擦其壳，可吸引细小的物体。到了东汉时期，思想家王充在他的著作中进一步阐述了这个现象。意思是说，经过摩擦的玳瑁之所

中国传统指南针司南

以能够吸引芥子，以及磁石之所以能够吸引钢针，是因为玳瑁和芥子，磁石与钢针具有相同的‘气性’而相互感动。另类物体，看起来好像与芥子、钢针相似，但不能被玳瑁、磁石吸引，则是因为它们与玳瑁和磁石的气性相异的缘故。这里是把静电与磁现象并列起来，并用‘气性’的相同与相异来统一解释这类现象。据说，秦始皇在咸阳的阿房宫安装磁铁门，以防兵器携带者进入。”

接着，H 学生又说：

“在西方，最早记录这个现象的是公元前 4 世纪柏拉图的对话集《蒂迈欧篇》，书中描述了琥珀具有吸引轻小物体的现象。

“16—17 世纪，一位叫吉尔伯特的英国医生发现这种吸引力非常普遍，它可以发生在玻璃、石蜡、钻石、琥珀、毛皮等物体上，吉尔伯特比较系统地观察研究这种现象并写成文字。

“吉尔伯特于 1544 年出生于英国科尔切斯特。1569 年，获得剑桥大学医学博士学位。行医之余，他研究自然科学，起先研究化学，1580 年前后，开始对电学和磁学产生兴趣。

“他 56 岁那年，即 1600 年，出版了《论磁、磁体和地球作为一个巨大的磁体》（简称《论磁》）一书。此书总结了前人对磁现象的描述，讨论了地磁的性质，并记录了大量他自己完成的实验，其中包括对磁铁具有的基本性质的描述。吉尔伯特的《论磁》使磁学从人们的经验变为科学，是历史上最为重要的关于磁性质的著作之一，被后人称为‘磁学之父’。正是这本著作，被伽利略（比吉尔伯特小 24 岁）誉为是一本‘伟大到令人妒忌的巨著’。他可以看作与伽利略同时代的人，他还是哥白尼体系的追随者。

今天飞行的目的地是英国皇家医院，吉尔伯特在这里当院长。下午 3 点，F 机就停在了英国皇家医院院前的广场上。

按事先约定的时间，我们与吉尔伯特先生顺利地在英国皇家医院前的空地上见面了。

吉尔伯特不到 60 岁，皮肤光洁红润，长脸，尖下巴，留着小胡须，两眼炯炯有神，脸上带着笑容。他戴着高高的礼帽，穿着长长的大衣，显示出一种高贵的气度。

他非常热情地迎接了我们，并说这几天特别期待我们这次不寻常的采访。他在前面引领着我们，说着走着，把我们迎进了他豪华、宽敞的院长办公室。办公室里已没有早春的料峭。他摘下

吉尔伯特

了帽子，脱下了大氅。

大家落座后，采访就开始了。

P 学生说：

“尊敬的吉尔伯特，很高兴能跨越几个世纪来到贵处对你进行采访，你的大作《论磁》给后世留下了深远的影响，开辟了人们对电磁的研究，今天，想请你介绍一下关于这本书的具体情况，以及你做的相关工作。”

吉尔伯特微笑着，说道：

“好的，我想重点介绍一下我做的几项工作。我写的这本《论磁》于 1600 年在伦敦出版，共 6 卷。这本书最重要的特点是凡书中出现的结论都建立在我亲自试验的基础上。比如，磁石的吸引与排斥；磁针指向南北；烧热的磁铁磁性会消失；用铁片遮住磁石，磁性将会减弱等。

“磁石都有两个极，一个北极，一个南极，它们是磁石中的两个确定的点，是一切运动和效应的发端。磁石的力不是从数学上所谓的点发出的，而是从磁石的各个部分发出的，越靠近磁极处，磁力就越强。两块磁石在顺位时相吸，在反位时相斥。磁石的两极与地球两极对向，朝着后者运动，而且受后者支配。

“值得一提的是，书中记录了这样一个实验，我把这个实验称作‘小地球’实验。这个实验是这样的，我用一块大天然磁石磨制成一个磁球，然后把铁丝制作的小磁针放在磁球球面附近的不同距离与不同位置，通过观察小磁针的转向，发现小磁针的全部行为与指南针放在地球上的行为十分相似，由此，我设想整个地球就是一个巨大的磁球，只是地球表面是由水、岩石、泥土覆盖着的。磁球的两极位于地球上的南北极附近。我还发现一块磁石的磁力的大小是与这块磁石体积的大小成正比的，而且磁的两极永远不能分离。地球的磁力一直伸向天宇，与宇宙合为一体，天体之间的吸引力就是磁力。”

他接着又说：

“我在这本著作中，还阐述了对电现象的研究结果。我已经知道摩擦后的琥珀会吸引轻小的纸屑等物体，但我发现除了琥珀，其他的物体，比如，金刚石、蓝宝石、水晶、硫黄等也能摩擦后吸引轻小物体，这似乎是一种普遍现象。

“我区分了电与磁这两种吸引的区别：磁石不需要外物对它的作用，它自身就具有吸引能力，而琥珀只有经过摩擦才具有吸引能力；磁石只吸引少数几种有磁性的物体，而摩擦后的琥珀能吸引任何轻小的物体；磁体间的吸引力不会受到中介物（纸与布等）的影响，甚至在水中也不受影响，而电的吸引力就会受到中介物的影响。

女孩的头发和气球之间产生了静电

“我还制作了验电器。我磨细了一根金属针，并把它的一端做成箭头状，另一端做成一个叉形的箭尾，然后把它的中心部位稳定地放置在支座尖端上，金属针可在水平面自由转动，当摩擦后的带电体靠近它时，金属针就会被吸引而向带电体转动；若物体没有带电，金属针就不会转动，由此可以检验此物是否带电。我还用实验证明了电引力是沿着直线的，距离越近，引力越大；带电体被加热或放在潮湿的空气中，它的吸引力就会消失。”

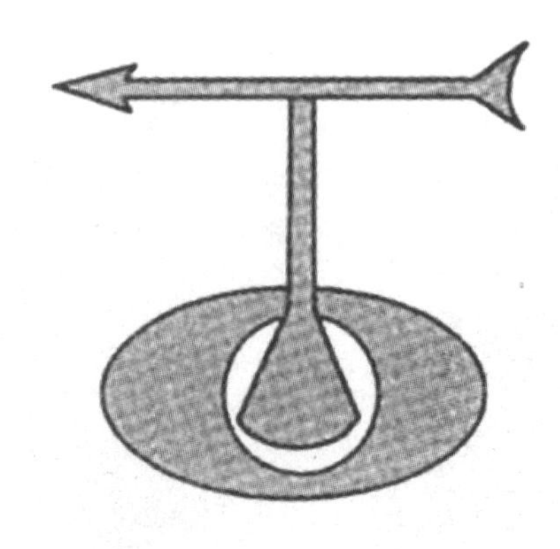
吉尔伯特验电器示意图

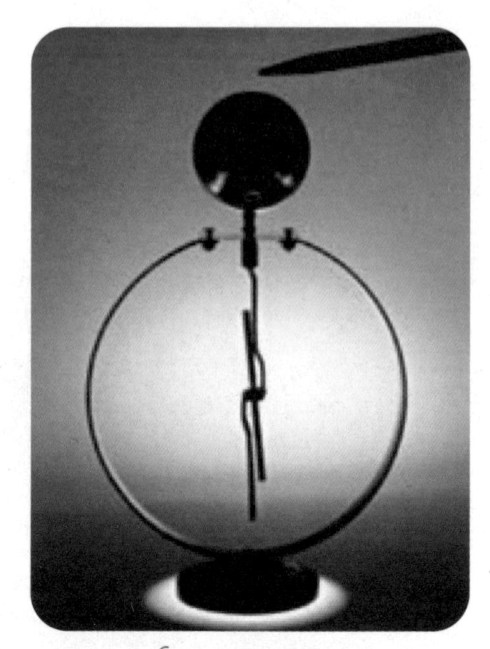
古老的验电器

据悉，院长今天还有不少事务要处理，我们的采访就此结束了。

吉尔伯特热情地送别了我们，我们又回到 F 机上。

登机后，W 教授就今天的采访，做了发言。

W 教授说：

“吉尔伯特最早提出了电与磁的区别，认识到一切物体可以分作‘电物体’和‘非电物体’两类，前一类物体可以通过摩擦使其带电，后一类物体即使通过摩擦也不能带电。

“在他的著作中，他用详细的实验检验了关于电与磁的推测，提倡科学要建立在实验的基础上。他与人争论时，善于用实验证明自己的观点，让别人信服。在那个时代，许多科学家分不清某个现象是磁的作用还是电的作用，比如，有一位意大利科学家波尔塔，他把铁针与金刚石摩擦后，铁针也会指向北方，就像在磁石上摩擦过的铁针一样。吉尔伯特也做了实验，他把铁针与金刚石摩擦后，让铁针穿过软木塞浮在水面上，看它能不能指向北方，实验的结果否定了波尔塔所讲的效应。”

W 教授又说：“《论磁》的出版，系统地总结阐述了他对磁的研究成果，开创了磁学与电学的研究。这些研究成果奠定了他在物理学史中不朽的地位。

“在《论磁》中，他还提出了质量、力等新概念。书中有这样的文字，‘一块均匀的磁石强度与质量成正比，这大概是历史上第一次独立于重量而提出质量的概念，他还通过‘磁力’这一特殊的力，揭示了自然界中某种普遍存在的相互作用。

“这里要说明的一点是，他试图用磁力解释行星围绕太阳运动的力量，这一解释显然是错误的。半个多世纪之后，牛顿用万有引力解释了这一现象，说明天体的运动与磁力并不相关。

“正是在他的《论磁》中，根据琥珀的词根 electr_ 引申出大量有关‘电’的单词。

“可叹的是，他的名著《论磁》直到 19 世纪末还很少有人了解，至于他的其他作品，在英国也很少有人知道。因为他的作品是用拉丁文出版的，到了 1900 年，距离《论磁》的出版已过了 300 年，才根据开尔文的建议出版了英译本。

W 教授最后说：“1600 年，他被任命为英国皇家医院的院长，1601 年，他成为女王伊丽莎白的宫廷御医，享受着丰厚的年薪，生活优渥，但终身未婚。他把闲暇的时光全部用来做磁与电的实验。”

采访对象：本杰明·富兰克林

采访时间：1755 年 初夏

采访地点：美国费城 富兰克林宅第

我们决定采访一位对美国有着重要影响的物理学家本杰明·富兰克林。

说他有重要影响，是因为他对美国摆脱英殖民统治而独立起到了重要的作用。他是起草并签订美国三项最重要法案文件（《独立宣言》《美利坚合众国宪法》《巴黎条约》）的建国先贤，是美利坚的开国三杰之一，其他两位是 T. 杰弗逊、G. 华盛顿。根据 2005 年美国在线举办的票选活动《最伟大的美国人》统计结果，他荣获美国最伟大人物的第五位；说他是物理学家，是因为他是把天上的电与地上的电统一起来的第一人，提出了电荷守恒思想，发明了避雷针。法国古典经济学家 A.-R.-J. 杜尔哥这样评价他："他从苍天那里取得了雷电，从暴君那里取得了民权。"

我们 3 人登上 F 机后，设定了飞行的目的地，又设定了向过去飞行的时间是 1755 年 6 月。

随后，H 学生做了介绍。他说：

"1706 年 1 月 17 日，富兰克林出生于波士顿。他的父亲原来是英国的一名印染匠，后来以制造蜡烛和肥皂为业，生有 17 个孩子。富兰克林是最小的男孩，后面还有 2 个妹妹。富兰克林 8 岁入学读书，虽然学习成绩优异，但由于家里的孩子太多，父亲的收入无法负担他继续读书的费用。所以，10 岁时富兰克林就离开了学校，回家帮父亲做蜡烛，从此，他就再也没有进入学校接受正规的教育，因此，他的一生只在学校读了 2 年书。

“12 岁时，他到哥哥经营的小印刷所当学徒，自此他当了近十年的印刷工人，但他的学习从未间断过，他从伙食费中省下钱来买书阅读，还利用工作之便，结识了几家书店的学徒，书店晚上关门后，他将书店的书偷偷借来，通宵达旦地阅读，第二天清晨便还回去。他阅读的范围很广，从科学与技术的通俗读物到著名科学家的论文及著名作家的作品，都是他阅读的对象。他从 14 岁就开始写作，逐渐形成了自己的行文风格，后来又学了数学和逻辑学，这为他后来的社会和科学活动奠定了基础。”

H 学生又说：

“1736 年，30 岁的富兰克林当选为宾夕法尼亚州议会秘书。1737 年，任费城邮政局局长。虽然工作越来越繁重，可是富兰克林每天仍然坚持学习。为了进一步打开知识宝库的大门，他孜孜不倦地学习外语，先后掌握了法文、意大利文、西班牙文及拉丁文。他广泛地提炼世界科学文化的先进成果，为自己的科学研究积累了丰富的经验。”

H 学生还说：

“富兰克林不仅是一位优秀的科学家，而且还是一位杰出的社会活动家。他特别重视教育，为了提高各阶层人的文化素质，他于 1751 年创办了费城学院（后来的宾夕法尼亚大学），兴办了北美第一个公共图书馆，组织和创立了多个与读书、教育相关的协会。他积极主张废除奴隶制度，从而深受美国人民的崇敬，在世界上也享有较高的声誉。1753 年，富兰克林获得哈佛大学和耶鲁大学的荣誉学位。”

没有觉得飞行了多长时间，我们的目的地就到了。在一座精巧雅致的楼房前，我们见到了受访者本杰明 · 富兰克林先生。

那时，他不到 50 岁，长长的鼻梁，尖尖的下巴，眼眶呈半圆形，嘴角微微上翘，顶发较少，四周的头发长而密，神情坚毅果敢，着装端庄，气质超凡。

富兰克林

他大步向我们走来，热情地与我们握手，随后便引领着我们走进了一个宽敞明亮的房间，落座后，双方做了简单的介绍，采访就开始了。

仍然是 P 学生首先发言，他说：

“尊敬的本杰明·富兰克林先生，感谢你能热情地接待我们。我们这次来的主要目的是想聆听一下你从事电学方面的研究情况。”

富兰克林说：“自从英国皇室御医吉尔伯特深入研究电和磁，并创造‘电’的名词之后，各国的科学家纷纷开始做关于电的实验，想揭开电的奥秘。大家研究的第一个问题，就是如何通过人工方法得到电。最先解决这个问题的是德国马德堡市市长 O.von 盖利克（Otto von Guericke，1602—1686，德国物理学家）。这位市长除了对官场感兴趣，还痴迷于科学，是最早获得真空的科学家，马德堡半球实验就是他的生平杰作之一，此实验演示了大气压的巨大力量。1663 年，盖利克发明了第一台静电摩擦起电机——用布自动摩擦转动的硫黄球获得静电。静电起电机使人们对电的性质的认识有了重大的进展。

“我对电学的研究，是从 1746 年开始的。那年，我的家乡波士顿来了一位英国人 A. 斯宾塞。他是来讲学的，讲关于电的知识，讲演中他进行了精彩的电学表演——摩擦起电，引起一堆纸屑奇妙地舞了起来；他还用莱顿瓶放电，当场击毙一只母鸡。这些新奇的表演引来了满堂喝彩和热烈掌声，给我留下了深刻的印象，也使我对电产生了浓厚的兴趣。自此，我决定从莱顿瓶开始进行研究。我制作了多个莱顿瓶，反复做了许多新的实验，获得了新的看法，也算取得了一些成果。

“莱顿瓶的出现是电学发展的一个标志。随着对摩擦起电研究的不断深入，摩擦起电机的制造也更加成熟和完善，但摩擦起电机一停，电就消失了，电荷无法保存下来，如何能把电荷存储起来呢？就在这样的情况下，莱顿瓶应运而生了。

“就在A. 斯宾塞来波士顿演讲的前一年，荷兰莱顿大学的教授马森布洛克和他的朋友做了一个有趣的实验。他们先用摩擦起电机产生电，再用金属丝把电引入玻璃瓶内，这时，大家看到瓶内出现了闪电的火花。

“他们接着就想，能否将电储存起来呢？他们的办法是将水注入瓶内，把瓶内的金属丝引入水中，再摇动摩擦起电机。这时，瓶内也不出现火花了，电好像悄然进入了水中。这时，马森布洛克的朋友像是要把电从瓶中的水里捞出来一样。他一只手拿起瓶子，另一只手伸到瓶子里，突然，他惊叫了起来——‘我的手遭到了猛击！’这只能是电击！这就说明，注水的玻璃容器内已经能储电了。不过他不能确定电是保存于玻璃瓶上，还是瓶里的水中。

“马森布洛克由此得到启发，将实验的玻璃瓶进行了改进，玻璃瓶内不装水了，而是在玻璃瓶的内外贴上一层锡箔，在瓶中装一条金属链，链与外部的金属棒连接，棒上装一个球，用一个安有绝缘柄的放电叉使莱顿瓶放电。这样改装后，莱顿瓶用起来更为方便。莱顿瓶作为人类最早的电容器，称其为世界上最早的‘蓄电池’也不为过。由于他们是莱顿人，又都是莱顿大学的教授，所以人们把这个能储电的瓶就称作莱顿瓶。

“莱顿瓶的出现，轰动了整个欧洲，各地的业余爱好者争相实验，有人用莱顿瓶击毙老鼠，有人用它点燃火药，魔术师们则用它做工具，让上前触摸的观众产生麻酥酥的感觉……影响最大的一次是法国物理学家诺莱特做的实验。他在巴黎修道院前的广场上，调集了七百名修道士，让他们手拉手排成一行。壮观的队伍

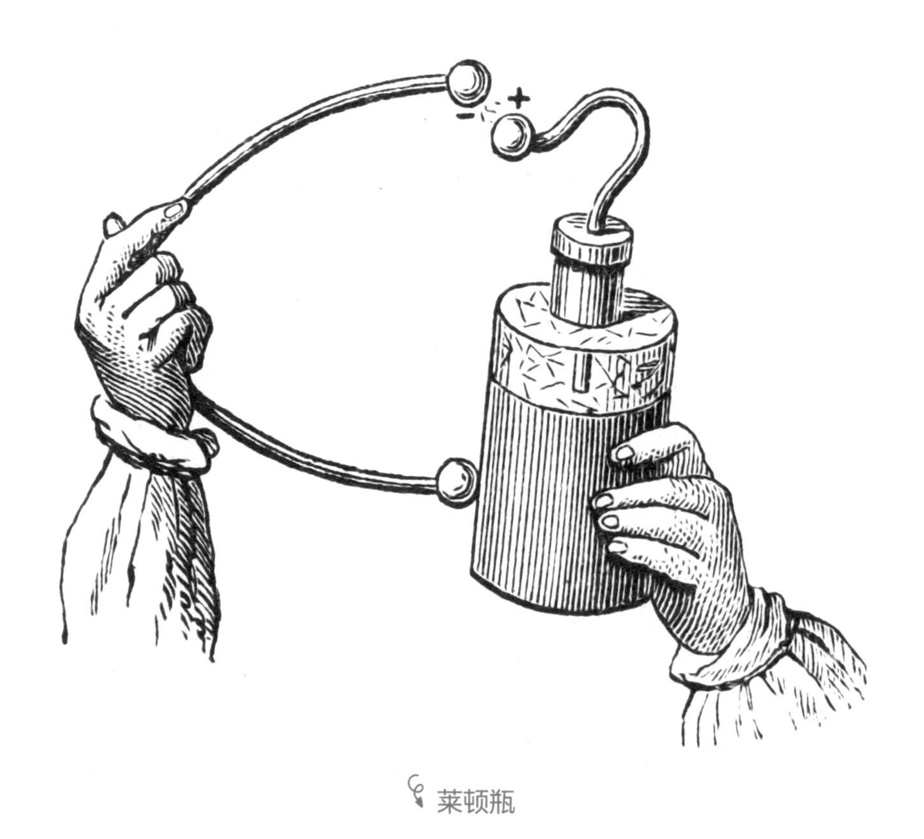

莱顿瓶

全长约274米。法国国王路易十五及王室成员都被邀请到现场观赏。诺莱特让队首的修道士拿住莱顿瓶，让队尾的修道士手握莱顿瓶的引线，当莱顿瓶放电的一瞬间，七百名修道士都蹦了起来，也叫了起来，在场的人无不目瞪口呆，这让人们真正地感到了电的强大威力。

“我通过对莱顿瓶的反复实验与思考，发现了电荷有两种，我用数学方式把它们定义为正电荷与负电荷，并用正负号来表示电荷的性质。这样就把玻璃电、琥珀电等各种对电的说法统一了起来，统一称作正电或负电。

“对于电我还有其他的认识，电并不是摩擦物摩擦玻璃棒而创造出来的东西，而是由于摩擦物上的电转移到了玻璃棒上，因此，摩擦物失去的电与玻璃棒上得到的电是相等的，电的总量没有发生变化，只是重新进行了分配。推广到一般的情形，在一组确定的研究对象内，电荷的总量是不变的，不会增加，也不会减少，只是从一个物体上转移到了另一个物体上。我的这个看法解释了当时所观察到的大量的静电现象。

“我总觉得天上的闪电与我们在实验中看到的电火花是同一种放电现象。为了能证实这个看法，我心心念念地想着，期望有朝一日能采集到天上的电，证实我的看法。为此我做了一些前期准备，一只用绸子制的大风筝，顶端系了一根尖细的金属丝，再用一根结实的、长长的细麻绳系住风筝，细麻绳的下端续接一段导电的金属线。金属线的另一端拴了两样东西——一是拴了一把铜钥匙，以便它与莱顿瓶相连，把电引入莱顿瓶中；二是拴了一段绸带，以便放风筝的人可握住绸带，不被电击。

“记得是前年 7 月的一天，费城上空乌云密布，电闪雷鸣。我觉得机会来了，就带着小儿子来到事先找好的一片宽广的草地上，把风筝放到空中，并稳定在雷鸣光闪的上空中。

“我们站在屋檐下，紧张地注视着西边的天空，只见雷电一次次闪过，雷声一声比一声响，期盼的现象终于出现了，麻绳上的细纤维一根根直竖了起来，我用手碰了一下，左半身就麻了，幸运的是我并没有遭受强烈的电击。我兴奋地告诉儿子‘细麻绳已经带电了，这就是天上的电’。我小心翼翼地将莱顿瓶与金属丝一端的铜钥匙连接，用莱顿瓶把天上的电储存起来。

富兰克林闪电实验

“我把‘天电’带了回来，它同样可以激发火花、点燃酒精灯，与之前做的各种电学实验结果都一样，这就证明了天上的电与地上的电是一样的，是同一种东西。我很幸运，找到了‘天电’与‘地电’的统一。我立刻写了一篇论文《论闪电与电气的相同》寄给英国皇家学会。我的实验结果一开始受到了科学界的冷落，但不久，法国科学家在巴黎重复了同样的实验，我的实验结果受到了重视，这也促使多位科学家转向了对电的研究。

“我在研究莱顿瓶时，发现了尖端更容易放电的现象。在风筝取电的实验后，我马上就意识到，如果采用尖端放电的原理，将天空中威力巨大的雷电由金属的尖端引入地面，就可避免高处的建筑物遭到雷击。那年我 54 岁，在费城的一座大楼上竖起了地球

幽默便携式避雷针

上的第一根人造避雷针，效果很好，由此，费城各处的高楼竞相效仿。”

富兰克林的事情很多，他是一位大忙人，因此我们的采访时间并不长。

告别了富兰克林，我们登上了 F 机，坐定后，W 教授对这次采访又做了即兴发言。他说：

“为了对电进行探索，富兰克林对莱顿瓶进行了反复深入的研究，做了著名的‘风筝实验’，借用了数学上正负的概念，第一个科学地用正电、负电概念表示电荷性质，提出了电荷不能创生，也不能消灭的思想，后人在此基础上发现了电荷守恒定律。他还提出了导电体、电池、充电、放电等世界通用的词汇，为电学的发展起到了作用。

“他还是一位发明家，除了发明了避雷针，还发明了路灯、里程表、口琴、摇椅、双焦点眼镜、蛙鞋、导尿管、新式火炉等，因此，有人还称他为‘发明之父’。”

W 教授又说：

“许多伟人并没有受过良好的学校教育，富兰克林就是其中的一位，这类人能够成才，与他的生活习惯是分不开的。他生活节俭，珍惜时间，工作勤奋，严于律己，提出了著名的自律 13 条，对自己的行为有严格的要求，并坦言他取得的一切成就都是自律的结果。他以博学著称，会印刷，会发明，会写文章，会多国语言，会组织，会募捐，甚至会指挥军队。他说‘人生的意义在于不断地超越自我。’他还说‘我没有见过一个早起、勤奋、谨慎、诚实的人命运不好。’

“富兰克林的肖像以非总统的身份出现在100美元纸币上，1928年后的所有美元上都印有他的肖像。美元作为世界上流通范围较广的货币，以此纪念他是美国最伟大、最有价值的人物之一。

“1790年4月17日夜，富兰克林在美国费城溘然长逝，享年84岁。费城人民为他举行了隆重的葬礼，两万多人参加了出殡队伍，船只降半旗，教堂鸣哀钟，以示敬意。富兰克林的一生是伟大的，他好学不倦、自强不息的精神，堪称科学精神的典范。”

他作为政治家已载入史册，他作为科学家是电学的先驱。

100美元正面的富兰克林肖像

采访对象：查利－奥古斯丁·德·库仑

采访时间：1786 年

采访地点：巴黎 库仑宅邸

登上 F 机后，H 学生开始对采访的对象做了介绍，他说：

“在电或磁方面，从吉尔伯特到富兰克林，对它的研究都是定性的，没有定量的数学描述。首先给出定量描述的物理学家就是我们今天要采访的对象——库仑，是他建立了著名的库仑定律。

库仑纪念邮票

“库仑，1736 年 6 月 14 日生于法国南部昂古莱姆的一个富裕家庭，青少年时期的他受到了良好的教育，后来，他又到巴黎军事工程学院学习。离校后，他一边工作，一边从事工程力学和静力学的研究。

“库仑的一生成果颇丰，其中最主要的是《电气与磁性》一书。在他发表的25篇论文中，只有7篇是关于电磁学的，使他青史留名的是关于电荷间作用力的论文，后人为了纪念库仑对电学的发展做出的贡献，把他发现的电荷间作用规律称作库仑定律。为了纪念他对物理学的重要贡献，电量单位便以库仑命名，简称‘库’，用字母C表示。

“我顺便简单地说一下库仑这个单位。1库仑的电荷量有多少呢？是指1安培的电流通过导体时，在1秒内流过导体任意截面的电量定义为1库仑，也就是$6.241509074 \times 10^{18}$个电子所带的电荷总量。”

说话间，目的地就到了。

轻灵的F机稳稳地停在了一个高大精致的楼房前，楼前开阔，有花园草坪、喷泉回廊，十分漂亮。我们正被眼前的美景吸引着，库仑微笑着迎了上来。他有点儿谢顶，四周蓄着卷曲的短发，人显得很精神，长着聪慧的双眼，尖而长的下巴，挺直的鼻梁，十足一位大学者的风度。

他领着我们走进了大楼，走进他的实验室兼书房。大家落座后，采访就开始了。

P学生开始了他的开场白，他说：

“尊敬的库仑先生，感谢你能接受我们的采访，我们很想了解一下你在建立库仑定律时的工作情况。”

库仑说：“好的，关于这方面的工作，我从1750年就开始了。那时，我读到了米歇尔写的《人造磁体论》一书，他是位天文学家，比我大12岁。在他的这本书中记述了测定磁极间斥力大小的

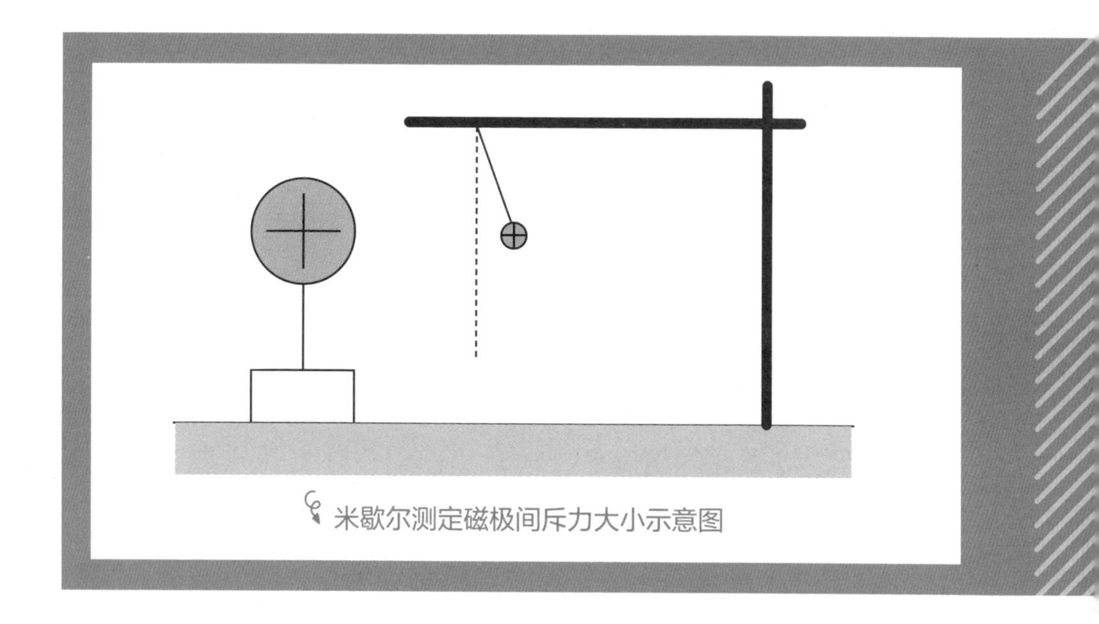
米歇尔测定磁极间斥力大小示意图

方法，具体做法是选定一根合适的细丝，用它把一块磁铁悬起来，再用另一块磁铁去排斥它，从细丝的扭转程度，就可以测定出磁极间斥力的大小遵从距离平方反比的关系。

“1769 年，苏格兰有一位叫 J. 罗宾逊的科学家。他通过作用在一个小球上的电力与重力相平衡的实验，第一次直接测量了两个电荷的相互作用力的大小，是与距离的二次方成反比的。

“到了 1776 年，英国科学家 J. 普利斯特利（氧气的发现者之一）发现带电金属容器的内表面没有电荷，他想电荷之间是不是也有力的作用，如果有力的作用，是不是也会像万有引力那样，与电荷之间的距离平方成反比，当然，这是一个猜想。上面这些人的工作，都使我受到了启发。”

库仑接着说：

“1777 年，法国科学院为征集如何改良航海指南针中磁针的方向而悬赏。我把磁针的支托去掉，改用头发丝和蚕丝来悬挂，以消除摩擦引起的误差，获得了头等奖。由于成功地设计了新的指南针结构以及在研究普通机械方面做出的贡献，1782 年，我幸运地当选为法国科学院院士。

“接着，我根据米歇尔书中的提示，进一步研究金属丝的扭力，就在去年，1785 年，我提出了金属丝的扭力方法。这个方法提供了一种能够测量微小力的方法，接着，我又设计出一种精巧的扭秤，能以极高的精度测出非常小的力。这为我找到电荷之间的作用力大小奠定了基础。

“至于两个电荷之间的作用力的测定，是在去年完成的。我首先设计制作了一台精密的扭秤，来测定两个电荷之间的作用力。

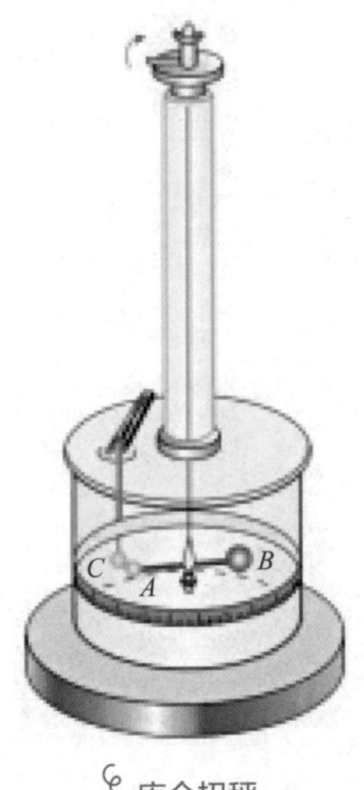

库仑扭秤

“我在一个玻璃圆缸上端安装了一根银质细丝，细丝的下端延伸到圆缸中并系上一根很轻的绝缘横杆，横杆的一端有一小球 A，另一端有一个平衡物 B，使横杆保持平衡。A 球的旁边有一固定带电小球 C。先把 C 球靠近 A 球，使 A、C 两球带同种电荷，再将 A 与 C 分开，然后使 C 靠近 A，由于两球之间的斥力，会使横杆发生偏转。扭转银质细丝，使 A 回到初始位置并静止，由银质细丝的偏转角度，就可计算出小球之间的斥力，再保持 A、C 上的电量不变，改变它们之间的距离，经过反复的测量，记录每次细丝扭转的角度，我得到它们之间的作用力是与它们之间的距离平方成反比的。

“为了找到作用力与电量的关系，我想到了一个巧妙的方法。让一个带电的金属球与一个与它的形状、材质都一样的不带电的金属球接触后再分开，每个球带的电量应当是一样的，是原电量的一半。我用这种方法证明了作用力与电量成正比关系，从而得到了一个可用数学表达的式子。我把实验的结果写成了论文《电力定律》，并寄给了法国科学院。该论文详细地介绍了这个实验的装置、测试经过和实验结果。

“我想这个经过大量的实验得到的定律，一定能为后人研究静电带来帮助。”

按预定的采访要求，采访完成了。库仑先生讲话的神态与声音，给我们留下了深刻的印象。握手言别后，我们回到了 F 机上。大家坐定后，W 教授开始了他的讲话。他说：

“库仑找出的在真空中两个点电荷之间的作用力与它们所带的电量以及它们之间的距离的定量关系，就是静电学中的库仑定律——在真空中两个静止点电荷之间的相互作用力与两个点电荷的电量乘积成正比，与它们之间的距离平方成反比。库仑定律是电学发展史上的一个定量规律，它使电学的研究从定性进入了定量的阶段，开始成为一门真正的科学，是电学史中一块重要的里程碑。”

W 教授又说：

“关于静电现象的研究，还得说一下我们采访过的科学家卡文迪什。早在 1773 年，卡文迪什在实验中发现，金属球壳带电后，所有的电都分布在球体的表面上，而球壳内没有任何电荷，这表明在球壳内的任一点受到的电力都相互抵消了，那么，电荷间的作用力的作用距离保持一种什么样的关系，才能做到相互抵消呢？他进行了认真的分析，得到的结论是，只有当作用力与距离平方成反比时才能出现这样的情形。这些工作在 1774 年之前就完成了，遗憾的是他的实验结果到 1879 年才由麦克斯韦整理后公诸于世，滞后了近一个世纪，因此，他的研究没有对当时的科学起到作用。

“库仑是用自己制作的扭秤，建立了库仑定律。上面提到的米歇尔，比卡文迪什大 7 岁，曾经教过卡文迪什，是卡文迪什的老师。他得知库仑发明扭秤后，就建议卡文迪什用扭秤来测定万有引力，卡文迪什采纳了老师的意见，于 1797 年用扭秤测得了万有引力的常数 G。在物理学中两个重要的平方反比的力都与扭秤相关，看来扭秤在人们寻找自然界的引力和作用力的定量表述中起到了作用，成为人类探索自然规律的一个重要工具。

W 教授最后说：

“1806 年 8 月 23 日，库仑因病在巴黎逝世，享年 70 岁。库仑是 18 世纪最伟大的物理学家之一，他的杰出贡献永远不会被磨灭。”

采访对象：亚历山德罗·伏打

采访地点：意大利 帕维亚大学

采访时间：1802 年 初春

确定了采访的对象、地点和时间后，我们登上了 F 机。

登机后不久，H 学生介绍了一些今日采访对象的背景材料，他说：

“今天采访的对象是意大利物理学家伏打，他 1745 年出生于科莫。科莫是意大利北部阿尔卑斯山南麓的一个美丽的城市，北临风景胜地科莫湖。科莫湖可是一个名声显赫的旅游胜地，它以茂密的植被资源而闻名于世，湖畔有许多景观建筑，全世界有若干部著名影片在此处取景，比如，《星球大战前传 2：克隆人的进攻》就把部分外景地选择在宁静如画的科莫湖。美国著名诗人

科莫与科莫湖

H.W. 朗费罗这样描述科莫湖的美丽‘我问自己这是否是梦境……世界上难道真有如此美丽极致的所在’。第二次世界大战后，这里成为英国政治家 W. 丘吉尔最喜欢的度假地。

“科莫市中心几座著名的哥特式风格教堂洋溢着文艺复兴时代的气息，折射出这座城市古老悠远的历史和深厚的文化积淀。”

H 学生又说：

“伏打在学生时期就对物理、化学感兴趣，10 来岁就立志成为一名科学家。他在青年时期就开始做电学实验，家里有一个房间，可以让他专门做一些电学实验。他发明制造了起电盘，可给莱顿瓶充电，后来发展成一系列静电起电机。

“为了能定量地测量电量，他设计并制作了一种静电计，它能以可重复的方式测量电势差，还能标出刻度，是静电计的鼻祖。由于发明了起电盘，他于 1774 年担任科莫皇家学校物理学教授，1779 年担任帕维亚大学物理学教授，之后，就在此校工作。帕维亚大学就是我们采访的地点。

H 学生还说：

“从我们前面采访的吉尔伯特、富兰克林到库仑，他们研究的都是静电，实验时所使用的电源是能储存摩擦电的莱顿瓶，在实验过程中，莱顿瓶的放电过程很短，无法得到稳定和长时间的电力供应，制约了各种电学实验的开展。当时，人们迫切需要一种能够提供稳定供电的方法。我们今天采访的伏打，发明了伏打电堆，这项发明能找到稳定的电流，为电学的发展创造了条件。”

说话间，我们就飞到了帕维亚大学。这所大学始建于 1361 年，在过去的岁月中，这所大学培养出了一批又一批的著名学者，伏

帕维亚大学的一角

打是其中突出的一位。这所大学远离城市的喧嚣，是一座风景秀丽、宁静温馨的古老大学。

按照帕维亚大学提供的信息，我们输入指令后，F 机稳稳地停在了一座大楼前。我们见到了迎面走来的伏打教授，他年近60岁，身体硬朗，步履轻健，有着挺直的鼻梁，深陷的大眼，窄脸盘，大耳朵，衣着得体，风度翩翩，满满的学者风范。

他热情地把我们领到了一个不大的房间，这里窗明几净，陈设整洁。大家坐定后，采访就开始了。

P 学生开言道：

“尊敬的伏打教授，听说你发明电堆是缘于‘蛙腿抽搐’事件，你能否给我们介绍一下这起偶然事件？”

伏打

“好的。”伏打说：“那是1780年，我有一位叫L.伽伐尼（Luigi Galvani，1737—1798，意大利医学家与电生理学家）的朋友，他是解剖学和医学教授。一天，他的妻子要用青蛙腿来做一道菜肴，她将剥去皮的青蛙放在金属板上，当手中的刀碰到了青蛙腿上的神经时，突然飞出了一个火花，同时青蛙腿猛然抽搐了一下。妻子惊讶的叫声引起了伽伐尼的注意，他立刻跑了过来，重复了这个实验，证实了妻子看到的现象。

“在后来的日子里，伽伐尼又重复做了这个实验，得到了以下结论——只有用金属材料接触青蛙腿上的神经，才可能出现电火花与蛙腿抽搐现象；这表明青蛙自身是带电的，可称之为‘动物电’；只有青蛙腿的两边是两种不同的金属，这种电才能被激发出来。1791 年，伽伐尼发表了《论电对肌肉运动中的影响》，介绍了他的发现与看法，这引起了人们的广泛关注。

“伽伐尼公布了他的发现后，不少人都接受了这样的看法。

“接受这种看法的原因是在 18 世纪中叶，有一艘英国货船带了几条能击打人的热带河鱼回到伦敦，后经研究发现，若用一只手同时碰触它的头顶与躯体下部，就会出现击打现象，这种击打的感觉与莱顿瓶放电时出现的击打类似，于是人们就把这种鱼称作电鳗，俗称水中‘高压线’。

“由此我就想到像青蛙这样的动物体内也是带电的。我开始也同意伽伐尼的观点，认为动物电是存在的。后来，我总觉得这个看法不太牢靠，得用实验去检验。我重复做了伽伐尼的实验，在进一步深入思考后，得到了不同的看法。

“我用莱顿瓶里的电通过青蛙腿，也发现了抽搐现象。这说明青蛙腿的抽搐很可能是因为外部电流通过了青蛙腿，使其发生抽搐，是一种外部作用产生的被动反应，而它自身并不带电。如此看来，青蛙腿不像莱顿瓶，并不带电，倒像验电器，可以检测是否有电，有抽搐现象证明有电通过。由此，我否定了‘动物电’的看法。有了这个看法，接着自然地就会冒出一个问题，既然青蛙腿只是一个验电器，那么这里被检验到的电又是从哪里来的呢？

“我仔细地研究了这个实验，发现只要用两种不同的金属分别接触青蛙腿的两边时，青蛙腿就能出现抽搐，我想这可能是两种不同的金属通过青蛙腿相连后，形成了一个回路，就有了电，让此电通过青蛙腿，就能使青蛙腿抽搐。

“为了证实这个看法，我就在自己身上做实验。我用两种不同的金属拼接成 1 根弯杆，一端放在嘴里，另一端与眼睛接触，两端接触的瞬间，我发现有光亮的闪现。我在舌头上端放 1 块银币，下端放 1 块金币，然后用导线把这 2 块币接起来；就在连接的瞬间，我的舌头发麻了。以上现象说明两种不同的金属接触，就会生出电，为了区别于‘动物电’，我把这种电称作‘接触电’。

“1793 年，我把‘接触电’公诸于世，意想不到的是，这居然引起了一场关于‘动物电’和‘接触电’的长期争论。”

“好了。”伏打微笑着对 P 学生说：“你提的问题我就回答到这里，你还有其他问题吗？”

P 学生接着又提出了一个问题，说：“听说，正是‘动物电’与‘接触电’的争论，促使你发明了‘电堆’，是这样的吗？

“是的，因为这场争论，我是一方的代表人物，我就必须对这个问题进行深入的研究，拿出最有力的证据说服对方。随后，我做了不少实验，发现了一个重要的现象——只要用导线连接两块不同的金属就会出现电，这一发现就解释了使青蛙腿抽搐的电的来源，也就顺理成章地否定了‘动物电’的说法。

“1800 年，我将锌片与铜片夹在用盐水浸湿的纸片中，并重复叠成一堆，结果形成了很强的电的流动，我把它叫作电堆，不久，有人就把这种电堆叫伏打电池。

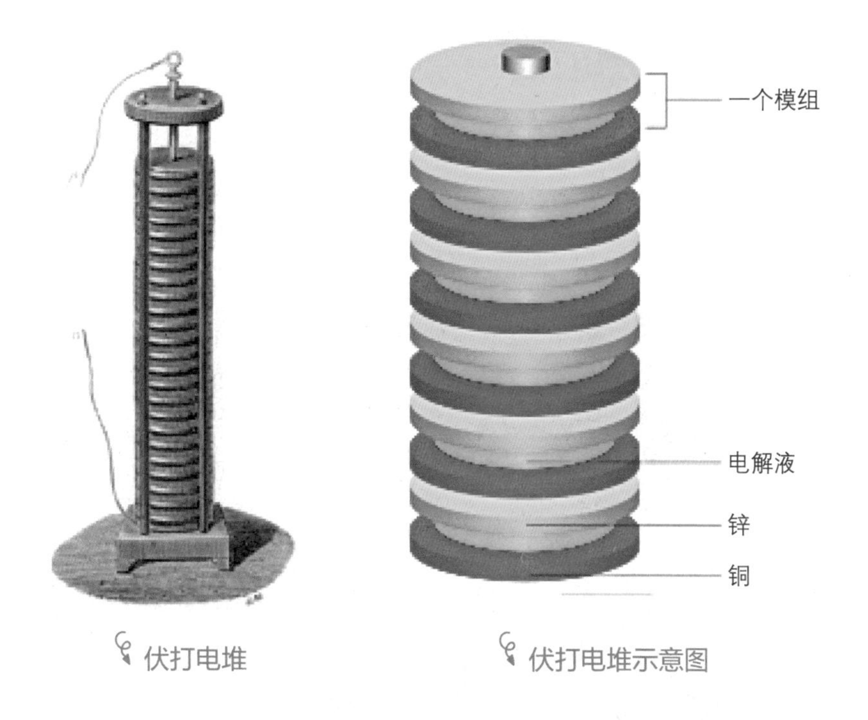

伏打电堆　　伏打电堆示意图

“我再把电堆两端的导线直接触及我身体上两个部位的皮肤，在接触的瞬间，就会感到电击，皮肤有灼痛感。这说明我用电堆获得了持续流动的电，电堆的作用是能使电沿一个能够通行的回路流动起来，只要回路不断开，电就能不断地流动。

“我用验电器检测了不同金属接触时产生的电的强弱，并根据强弱程度，把金属排成序列，依次是——锌 - 铅 - 锡 - 铁 - 铜 - 银 - 金 - 石墨，只要将其中任意两块金属接触，就可产生电。我把 30 块、40 块或更多的铜片，按 1 块铜片与 1 块锡块接触的顺序堆起来，还在二者之间插入浸泡过盐水或碱液的纸板，形成一个堆，这个堆就是一个很强的电源。

“我于 1800 年写了一篇题为《论不同材料接触所激发的电》

伏打向拿破仑讲解他发明的电堆

的论文，寄给了英国皇家学会会长。掌管英国皇家学会论文出版的两位秘书卡莱尔和尼科尔森把我的论文搁置起来，但他们重复了我的实验，并把他们做的结果公布于世，以此欺世盗名。后因我的工作被当时的科学界认可，他俩的剽窃行为遭到了谴责。

“回想我的工作，主要就是发明了电堆，从而出现了稳定的电流，我想这对科学的发展肯定是有作用的，我应该做了一件有意义的事情。

“很感谢你们对我的采访，听说你们还要把采访的情况，写成文字，向世人公布，这确实是一件有意义的事情，而这件事又关乎我，我感谢你们。”

采访结束后，我们与伏打教授握手告别。我们又登上了 F 机。

W 教授开始了他的发言，他说：

“从伽伐尼的一个偶然发现，到伏打发明电堆，这在科学史上一直被传为美谈。伏打电堆出现不久，英国科学家用这种电堆成功地电解了水，获得了氢和氧，证实了卡文迪什关于水是由氢和氧组成的猜想；从用伏打电堆提取了钾、钠、镁、锶、钡等金属开始，促进了随后电器相关研究的快速发展，比如，奥斯特发现了电流的磁效应；法拉第利用电磁感应原理成功地发明了电动机与发电机，引发了第二次工业革命，离开了伏打电堆，这一切都是难以实现的。

“后人为了纪念这位科学界的先辈，将电动势与电位差的单位以他的姓氏命名为伏特。

“伏打在 55 岁时发明了电堆，引起了物理界的一片欢呼。1801 年，他去法国科学院表演他的实验，当时拿破仑也在场，听完伏打的演讲，他立刻下令授予伏打一枚特制的金盾奖章和一份养老金。

“电堆能产生连续稳定的电流，因此开始了一场真正的关于电的大革命。法国物理学家 D.-F.-J. 阿拉戈在 1831 年写的文章中这样说，‘……这种由不同的金属中间用一些特殊的纸板隔开而构成的电堆，就它所产生奇异效果而言，乃是人类发明的最神奇的仪器。’”

W 教授最后说：

“伏打教授做出了人类的第一块电堆，使科学家从静电的研究转入对电流的研究，这种研究上的升级让地球光明多了、色彩丰富了；这种升级推动了一系列重大的科学发现和技术进步。现代社会已经离不开电，人们的生活也离不开电，甚至每个人每天的生活都离不开电，电彻底改变了人类的生活方式。

“伏打不关心政治，只专心他的研究。1827 年 3 月 5 日，伏打在科莫去世，享年 82 岁。”

地球的夜灯

采访对象：汉斯·奥斯特

采访时间：1821 年春

采访地点：哥本哈根大学 奥斯特宅第

H 学生说：

“哥本哈根大学是丹麦的最高学府，始建于 1479 年，已有五百多年的历史，是集教育与科研于一身的世界性研究型大学。1921 年，玻尔在哥本哈根大学成立了理论物理研究所。在 20 世纪 20 年代末，以玻尔为首的，包括海森堡、狄拉克在内的哥本哈根学派与爱因斯坦、普朗克、薛定谔等科学家之间的学术争论，是

哥本哈根大学

科学史上规模大、时间长的一次伟大的争论，经过这次争论，哥本哈根大学被塑造成物理世界的一块圣地。

H 学生介绍说：

“1777 年 8 月 14 日，奥斯特出生于丹麦一个并不富裕的药剂师家庭。小时候，父亲让他跟一位德国人学习德文和数学。12 岁后，奥斯特就帮着父亲干活，同时坚持学习文化知识。由于刻苦攻读，17 岁的奥斯特以优异的成绩考取了哥本哈根大学的免费生，他一边学习药物学，一边当家庭老师，同时，对物理学、天文学、哲学和文学都有兴趣，1799 年获哲学博士学位。

“1801—1803 年，奥斯特先后到德国、荷兰、法国游学访问。在这期间，他结识了许多物理学家及化学家。由于受德国‘自然哲学’思想的影响，奥斯特坚信电现象与磁现象是有关联的，并开始了这方面的研究。他通过对电的研究，增强了对自然力统一的信念。他说‘既然长期以来，我认为电力是自然界的一般力，我必须从它们得到磁的效应。”

说话间，F 机已到达了目的地。我们见到了迎面走来的奥斯特先生，一双聪慧的双眼不像欧洲人那样凹陷，宽大的额头，挺直的鼻梁，透着一种高贵的学者气度。

他领我们到了教授会议室，室内有一个椭圆形的长桌，周围摆放着长背的靠椅，中间还摆放着几盆鲜花。

寒暄几句后，我们的采访开始了。

P 学生首先发言，说：“尊敬的奥斯特先生，见到你非常高兴，感谢你能接受我们的采访。我们要了解的第一个问题是，你是如何想到电与磁有关系的呢？”

奥斯特在进行电磁实验

“好的。”奥斯特说：“说起这个问题，还得从‘磁学之父’吉尔伯特说起，他断言，电与磁没有因果关系；另外，差不多比我大 40 岁的库仑前辈，也持这样的观点，认为磁和电不会有关联。

“我信奉康德的哲学，认为自然力是可以相互转化的，这使我相信自然界各种现象相互联系的观点。物理学不应当是关于运动、热、空气、光、电、磁以及其他现象的零散描述，而是应当把整个宇宙中的现象融入一个理论体系中。

“因此，我相信电与磁之间有着共同的根源，但它们之间的联系可能是很隐蔽的，一时很难找到。我在 9 年前写过一篇论文，提出了我早先就有的看法，文中说‘我们应当检验的是，电是不是以最隐蔽的方式对磁体有作用。’因为我深信电与磁之间一定有着联系，电与磁的转化不是不可能，关键是要找到其转化的具体条件。

“为了找到这个转化条件，我在 1812—1813 年出版了《关于化学力和电力的统一性的研究》一书。在书中，我叙述了电流通过直径较小的导线时，导线会发热，继续减小导线的直径，导线就会发光。于是，我推测如果导线的直径再缩小，可能就会出现磁效应，但我做了若干次这样的实验，都没有什么结果，也就没有找到电与磁相互转化的具体条件。”

接着，P 学生又问道：“奥斯特教授，那你是如何找到电与磁之间的关系的呢？”

奥斯特答道：“大自然往往会给予人类许多提示，只是没有被人类注意到，或者还不能察觉到这种提示。早在 1731 年，就有这样的记录，说有一名英国商人，他的一箱新刀叉遭到雷击后，竟然被磁化了，带上了磁性。到了 1751 年，又有这样的记录，你们前面采访过的富兰克林，他发现莱顿瓶放电后，缝纫针就被磁化了。

“记得在我出生前 3 年，德国的一家研究机构，悬赏寻求‘电真的会生磁吗？’这一问题的解。许多人做了大量的实验均未能成功。这是因为在伏打发明电堆之前，还没有稳定的电流，所以还没有解决这个问题的条件，其实，即使有了伏打电堆，也未必就能轻易地找到电生磁的正确办法。

“那是 1819 年冬，我正在哥本哈根大学讲授电与磁的课程，我突然出现了一个想法——如果静态的电荷无论用何种方式对磁铁都没有影响的话，也许使用电线连接伏打电堆两端，使电荷在电线中流动起来，就有可能对磁铁产生作用。想到这里，我把自己制作的伏打电堆放在讲台上，用一根铂线将电极两端连接起来，然后把磁针放到了导线的侧边，发现磁针晃动了一下，本该指向南北的小磁针，居然开始转动，在垂直于导线的方向停了下来。‘这一晃’对于下面听讲的人来说，似乎没有什么，他们也不在意，而对于我来说，让我非常激动，我突然意识到，磁针的这一晃动也许就是我多年来苦苦寻找的结果。’

“在随后的几个月里，我做了六十多次实验，把磁针放在导线的上方、下方，观察电流对磁针作用力的方向；把磁针放在离导线不同的距离，观察电流对磁针作用力的强弱；把磁针换作钢针、玻璃针和树胶针后，导线通电，而这些针都是静止不动的，因为它们不受电流的作用。我还把玻璃片、金属片、木片和松脂等放在导线与磁针之间，发现它们都不妨碍电流对磁针的偏转作用。

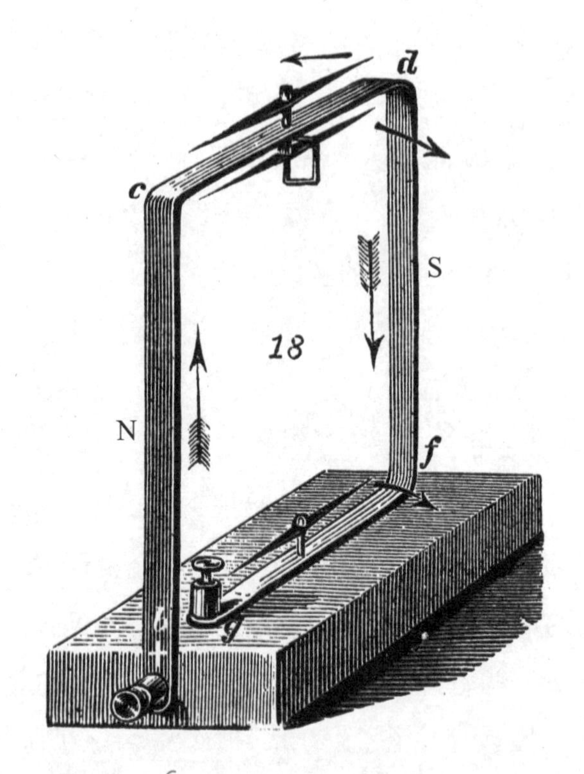

奥斯特实验示意图

我几乎把我能想到的这类实验都做了个遍。结果是大量的实验告诉我，电流只对磁针有撞击的作用，我把这种现象称作‘电流磁撞’。我还总结了这一现象的两个特点——一是电流撞击磁针是在载流导线的周围；二是电流撞击磁针的方向是沿着载流导线的螺旋方向。

“实验告诉我，电流对于磁针的撞击是一个横向的力，而当时人们知道的力，比如，重力和静电力，它们的方向都在相互作用的两物的连线上。当我开始寻找电与磁针的作用力时，也是受到了这种看法的干扰，让电流的方向垂直于磁针，导致实验失败。当我意识到电流对磁针的作用是横向时，终于取得了突破，得到了正确的结论。

“1820 年 7 月 21 日，我发表了题为《关于磁针与电流碰撞的实验》的论文，该论文指出，电流所产生的磁力既不与电流方向相同，也不相反，而是与电流方向垂直，还指出，电流对周围磁针的影响可以透过各种非磁性的物质。论文是用拉丁文写的，仅 4 页稿纸，简洁地报告了实验的内容，向科学界宣布了‘电流的磁效应’。

“论文发表在法国的《化学和物理年鉴》杂志上，我记得在论文的前面写了这样的按语：

奥斯特演示电流的磁效应

‘《化学和物理年鉴》的读者们应当会发现，我们并不主张轻易地宣布卓越的发现，并且时至今日我们依然为这个决策感到庆幸。但是，关于奥斯特先生的这篇论文，由他取得的成果，不管看起来有多么奇特，但是却给出了太多的细节，以至于不能让人产生任何错误的怀疑。’

“自此，电与磁有了交集，电磁学这个名词产生了。”

奥斯特最后说：“我已回答了你们提出的‘想到’和‘找到’这两个问题，这也是我在电磁学领域做的主要工作。我的成功也许是基于我有一个正确的观念，认为电与磁一定是有关联的，另外伏打电堆的出现为我的实验创造了条件，使我成为这个时代的幸运儿，找到了电与磁之间的关系。非常感谢你们的采访，你们的工作是有意义的，愿你们下面的采访顺利。”

将近一个多小时的采访，感觉很快就结束了，告别了奥斯特先生，我们回到了 F 机上，W 教授又开始了他的发言。

W 教授说：

“奥斯特的发现极大地震动了法国学术界，因为他们长期以来信奉库仑的看法，认为电和磁已经被证明是互不相关的两种现象。1820 年 8 月，法国物理学家阿拉戈在瑞士听到了奥斯特发现电流的磁效应的消息，立刻敏锐地感到了这一成果的重大意义，迅即于 9 月初赶回法国，向巴黎科学院报告了奥斯特的最新发现，并向同事们详细地描述电流磁效应实验。

“奥斯特 1820 年 4 月发现了电流的磁效应，是科学史上的重大发现，在这一重大发现之后，一系列的发现接连出现，几个月后，安培发现了电流间的相互作用，阿拉戈制成了第一块电磁铁等。

“奥斯特的发现并不是偶然的，他获得成功的真正原因是他长期以来信奉自然界的力是统一的观念，以及伏打电堆能提供稳定的电流。从另一方面说，这当然也与他的勤于实验、深入思考是分不开的。他的发现具有深刻的文化背景及科学技术发展所提供的条件。”

W 教授又说：

“1806 年，奥斯特任哥本哈根大学物理系教授，之后长期从事物理教学工作。他是一位热情洋溢且重视科研实验的教师，他说‘我不喜欢那种没有实验的枯燥讲课，所有的科学研究都是从实验开始的。’因此，他的教学深受学生的欢迎。

“他从 1815 年起就担任丹麦皇家学会常务秘书，1820 年因电流磁效应这一杰出的发现获得英国皇家学会科普利奖章，1821 年被选为英国皇家学会会员，1829 年起任哥本哈根工学院院长，后来任丹麦皇家科学协会会长，并授予勋爵。1908 年，丹麦自然科学促进协会设立‘奥斯特奖章’，以表彰和鼓励做出极大贡献的物理学家，1934 年召开的国际标准计量会议通过用‘奥斯特’命名 CGS 单位制中的磁场强度单位，美国物理学教师协会从 1937 年起每年颁发一枚‘奥斯特奖章’，奖给在物理教学上做出杰出贡献的物理老师。

“我再说一说世界著名童话大师安徒生与奥斯特之间有意思的事情。安徒生比奥斯特小 28 岁，当安徒生报考哥本哈根大学时，奥斯特是主考官。两人的师生关系逐渐发展成为朋友关系，安徒生每周应邀到奥斯特家中做客，即便是奥斯特去世后，他仍然是奥斯特家中的座上宾，并暗恋过奥斯特的小女儿。安徒生 1859 年创作的童话《两兄弟》就是以奥斯特和他的哥哥为原型的。《两兄弟》中描写了痛恨迷信的奥斯特小时候的情况——哥哥还没有起床，弟弟站在窗前，凝视着从草地上升起的水汽。这不是小精灵在跳舞，如同诚实的老仆人所说的那样；他懂得可多了，才不信这一套呢。那是水蒸气，比空气要暖，所以往上升。安徒生的创作深受奥斯特整体自然观的影响，而奥斯特则尝试创作散文与诗歌，两人这种科学与诗歌的关系给科学技术的进步带来了福祉。

“1851 年 3 月 9 日，奥斯特在哥本哈根逝世。他的发现使人类第一次找到了电和磁的转换关系，电和磁这两条古老的河流在奥斯特这里汇合了！法拉第后来对奥斯特的发现作了如此精当的评价——它猛然打开了一扇科学领域的大门，那里过去是一片漆黑的，如今充满了光明。”

光明

采访对象：乔治·西蒙·欧姆

采访时间：1852 年 秋

采访地点：德国 慕尼黑大学

我们三人登上 F 机，给 F 机输入采访的地址后，飞行就开始了。约飞行了 3 小时，我们到达了目的地。

F 机上，H 学生向我们介绍了相关的情况。他说：

“今天我们要去的慕尼黑大学始建于 1472 年，坐落于德国巴伐利亚州首府慕尼黑市中心。自 15 世纪以来，这所大学就是欧洲乃至世界最具声望的综合性大学之一，共有 43 位校友和教职工获得了诺贝尔奖（2020 年前统计结果）。我们今天采访的对象乔治·西蒙·欧姆 1849 年来该校任教，直到他去世。我们很快就要采访的赫兹先生也在此任教，后面要采访的著名的量子论创始人普朗克和海森堡，也都在此工作过。在物理世界里，这绝对是一块风光秀丽的胜地，它以丰富的教学资源和卓越的研究成果而闻名于世。”

H 学生接着说：

“欧姆 1787 年 3 月 16 日出生于德国巴伐利亚埃朗根，父亲与母亲从未受过正规的教育。父亲是一位技术熟练的锁匠，这使欧姆受到机械技能方面的训练。为了孩子的教育，他的父亲还自学了数学和物理方面的知识，并教给了少年时期的欧姆，父亲的做法唤起了欧姆对科学的兴趣，这也对他后来获得杰出的成就产生了重大的影响。

慕尼黑大学

“欧姆的一生并不顺利，15 岁那年，他接受了一次测试，结果表明他在数学方面有异于常人的天赋，但他并未因此获得上天的眷顾。10 岁时他的母亲去世，大学学习期间，因经济拮据而中途辍学，直到 28 岁才完成了博士学位，但也只谋得一个中学老师的职位。之后，他分别在三所中学任教，主要工作成就也是在这段时期完成的。虽然生活处处不如意，但并不影响欧姆对科学研究的热情。”

H 学生又说：

“欧姆定律如今已成为中学物理课本中一个基本定律，尽管它看起来十分简单，但当初发现它却并不容易。由于欧姆在中学工作，缺乏资料和设备，这给他的研究工作带来不少困难。欧姆定律出现之前，还没有电阻的概念，电流的大小如何测量也不知道，电压的概念也很模糊。欧姆自己制作仪器，不懈地进行实验与思考，终于做出了成绩。

“欧姆的主要成就是发现了导体中电流强度、电压与电阻之间的关系，即欧姆定律；还证明了导线的电阻与导线长度成正比，与其横截面积和传导系数成反比的关系；提出了在稳定电流的情况下，电荷不只是在导体的表面上，而是在导体的整个截面上运动。”

说话间，我们就到了美丽的慕尼黑大学，是欧洲最具声望的综合性大学之一。

校园非常漂亮，秋色斑斓，花草树木，蓝天白云映衬着塔楼式的宏伟建筑。

不一会儿，我们就见到了欧姆教授。一双大眼，像是在冷峻地看着这个世界；一脸的刚毅，似乎还带着战胜了世俗眼光的快慰。

欧姆

欧姆把我们带到他的实验室，并介绍了他亲自制作、用于测量电流强度的电流计和测量不同金属电阻的仪器。

欧姆对我们说：

“19 世纪，正是电学飞速发展的时期，我因为热爱科学，也走进了爱好电学的行列。当时，人们取得电流的主要途径是用伏打电堆，有一个共识是电流的强弱是随着电池数目的增多而增大的，但电流的流动符合什么样的规律，人们并不知道，我决定通过实验找出这个答案。

“1821 年，施魏格和波根多夫发明了一种原始的电流计，这个仪器的出现，使我受到了启发与鼓舞。我想利用业余时间，制造出一台能更好测量电流强弱的仪器。我当时想，电流通过导线时，会使导线发热，电流越强，导线发热就越多，因此，我想用电流的热效应去测量电流的强弱，但经多次实验后，并没有取得成功。

“在我之前，人们并不知道电流在导线中流动还有电阻，当时根本就没有电阻这个概念。我做了大量的实验，从实验中知道了电流在导体中流动是会受到阻碍的，因而提出了电阻的概念。从 1825 年开始，我用不同材料与不同粗细的导线做了大量的实验，对材料的导电率进行了研究。

“为了能准确地量度电流，我设计了一个电流扭秤。在一根扭丝上悬挂一个磁针，让通电导线与磁针按南北方向平行放置，当导线中有电流通过时，磁针就会偏转一个角度，根据偏转角度的大小，就可以判定电流的强弱。为精确起见，我给磁针的转角刻上刻度，我把这个自制的电流计连接到电路中去，由此记录实验中电流大小的数据。我还试图找出电流对磁针作用力的大小与导

悬挂的磁针可指示电流的大小

线长度之间的关系。

“1825 年，我从实验数据中得到了一个公式，并用论文的形式发表了这个公式，令人遗憾的是，这个公式是错的，用这个公式计算的结果与实验并不相符。我非常后悔，意识到问题的严重性，想收回已发表的论文是不可能的，急于求成的轻率做法，使我在科学界抬不起头来，他们非议我，说我是个假装内行的人。

“我暗下决心，必须继续通过实验找到正确的规律，以挽回影响和损失，我相信我有这样的能力。令我高兴的是，就在我的心情处于低谷时，当时还有一位科学家——就是上面提到的波根多夫，他写信鼓励我，不要气馁，相信自己的才华和能力，继续干下去，他的鼓励给了我前进的动力，直到今天我都非常感激他。

“要测量电流的强弱，电流的稳定性当然是一个重要的问题。伏打电堆提供的电流稳定性不是太好。1821 年，T.J. 塞贝克（Thomas Johann Seebeck，1770—1831 德国物理学家）发现了塞贝克效应（温差磁效应），它的原理是把钢（1）和铋（2）串联起来（如下图），由于连接的地方存在温差，放在回路旁的罗盘指针将会偏转，这表明有电流产生，而且由于两端温度不同而产生电流的强弱也不一样，温差越大，电流越强。

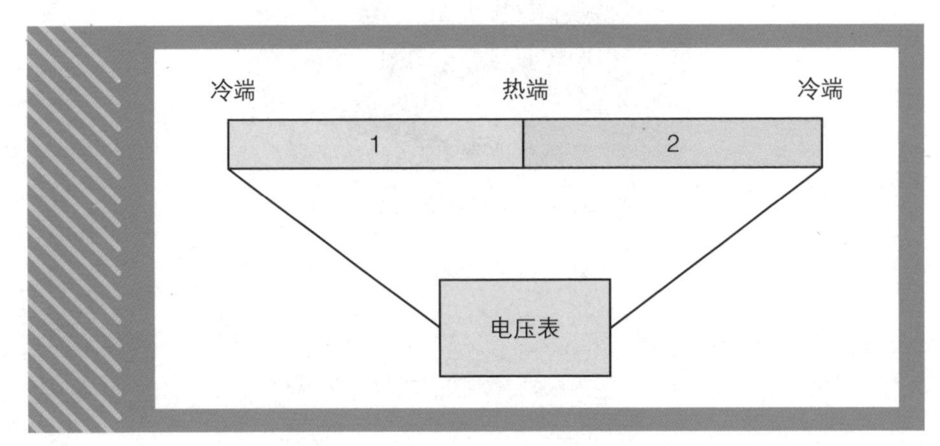

塞贝克效应示意图

“1826 年，我利用这种温差磁效应认真地做实验。我把连接端浸入沸水中，另两端在冰块中，两端温度是恒定的，温差也就不变，这样的做法使提供的电流强度是稳定的。有了能供应稳定电压的电源，再用精巧制作的电磁扭秤，我相信能得到一个好的结果。我准备了不同的金属，以确定它们的导电率。这些准备工作做好后，我认真地进行了一系列实验，在实验中，我用相同粗细、长度不同的 8 根铜导线，其长度分别是 2、4、6、10、18、34、

66、130 英寸，把它们分别接进回路中，测出每次磁针偏转角度的大小，根据它们来确定电流的强度。经反复测量，我搜集到了大量的数据，并对它们进行分析，我终于找到了一个规律——通过导体的电流强度与导体两端的电压成正比，与导体的电阻成反比。

“我写了《动电电路的数学研究》一书，于 1827 年出版，书中详细介绍了这些实验，并总结了电流、电阻及电压的关系，就是后来人们所说的欧姆定律。这可以用两个简单的公式来表示：

电流强度 = 电压 / 电阻

电阻 = ρ（表示导线材料特征的常数）× 导体的长度 / 导体的横截面积。

“开始，德国科学界仍然不认可我的成果，许多物理学家不能正确地理解和评价这一发现。他们认为一个中学老师，不可能搞出什么有价值的东西来，公布的公式也太简单了，事实不会是这样的。直到 1831 年，英国科学家波利特在实验中多次引用我的成果，都能得到正确的结果。他将此事撰写成文并发表，我的成果才开始受到人们的关注。

“不久，我的成果在英国、俄国、美国等国家逐步受到重视。1841 年，因为这一成果，我被英国皇家学会授予科普利奖章，从此，我才受到德国科学界的重视。1833 年，我受聘于纽伦堡皇家技术综合学校，担任教授，1839 年成为该校校长。1849 年被任命为德国慕尼黑大学的非常任教授，1852 年，那年的我已是 65 岁高龄的老人，才成为慕尼黑大学的正式教授，这也了却了我长期以来的一个心愿。”

欧姆教授最后说：

“我要给你们介绍的就是这些内容，很感谢来自三百多年后的尊贵的客人，你们能记得我，来采访我，我非常感激，谢谢你们，愿你们的采访顺利。”

欧姆教授与我们一一握手道别。

告别欧姆后，我们来到了 F 机上。W 教授又开始了他的发言。他说：

“欧姆的主要贡献是发现了欧姆定律。他得到的这个公式为电学的计算带来了很多便利，在物理学的发展中起到了重要的作用，为现代电子技术的发展奠定了基础。

“1854 年 7 月 6 日上午 10 点，欧姆抱病走上了慕尼黑大学的讲台，在讲课中去世，享年 67 岁。在欧姆逝世 10 周年时，英国科学促进会为了纪念他，决定用欧姆的名字作为电阻单位的名称，简称‘欧’。如今，我们使用这个单位时，总能想起这位勤奋顽强、卓有才华的伟大物理学家。”

采访对象：安德烈－马里·安培

采访时间：1828 年

采访地点：法兰西学院

采访完欧姆，我们休息了几天，按计划到法国去采访安培。

我们各自做了些准备，包括联系了法兰西学院及安培本人，并发去相关资料及我们采访的目的。法兰西学院与安培愿意接待我们，并期盼着我们的到来。

一切就绪，我们三人又登上了 F 机。

在 F 机上，H 学生介绍了相关的情况。他说：

“安培 1775 年 1 月 22 日出生于法国里昂，他从小就有惊人的记忆力，在数学方面很有天赋。据说他 12 岁时就学了微积分，还广泛地阅读了科学、哲学、历史和文学方面的书籍，后来专心研究拉格朗日、欧拉等人的著作。12 岁时拜著名数学家、物理学家拉格朗日为师，13 岁就能理解圆锥曲线的原理，并发表了第一篇论述螺旋线的数学论文。

“1793 年，安培 18 岁，法国正处于大革命时期，里昂大批的纺织工人失业。安培的父亲是工人领袖，就向议会呈递了工人的陈情信，没想到，他立刻被送上了断头台。父亲的死对安培的打击是致命的，他悲痛、忧伤，直至一病不起。这时，一个叫朱丽的姑娘，精心照料起安培的生活，才使他恢复了健康，重新振作起来，朱丽也就成了他的妻子。然而，命运再次打击了安培，结婚仅四年的爱妻朱丽，被瘟疫无情地夺走了生命。妻子的离世，使他倍感伤心，决定离开里昂这个伤心的地方，来到了巴黎。

“由于安培已发表了几篇数学论文，1804 年，他到巴黎科技工艺学校任教，并在 1807 年成为数学教授。1820 年到 1827 年，他在电磁理论方面获得了很大的成功。1824 年开始担任法兰西学院实验物理教授，我们今天就到这里来采访他。”

H 学生又说：

“乘机这么长时间，大家是不是有点疲乏了，下面介绍两个关于安培的小故事。

“有一次，安培在街上走着，忽然间想到了一个电学问题的算式，他见到前面有一块‘黑板’，就拿出随身携带的粉笔，在‘黑板’上写了起来，突然，那块‘黑板’走了起来，他自觉地跟在后面，仍然边走边写。‘黑板’却越走越快，他紧追其后，希望能把算式写完，但‘黑板’走得太快了，安培实在是追不上了，才停下脚步，定睛一看，原来那块‘黑板’是一辆马车车厢的后挡板。开始，马车是停在那儿的，后来马车动了起来，且越来越快，这样，安培把一个未写完的算式，留在了这块跑远了的‘黑板’上。

“还有一次，拿破仑访问巴黎科学院。那时的拿破仑，可是法国响当当的头号人物，是五次打败反法联军、征服半个欧洲、造就法兰西第一帝国的大人物，令人不可思议的是，安培居然不认识他。拿破仑对这位教授深表敬意，决定邀请他去皇宫的御花园赴宴。安培答应了拿破仑的邀请，但第二天，在御花园的宴会上，他的席位始终空着。原来安培早就把这件事抛到脑后去了。据说，事后拿破仑并没有责怪他。也许正因为他是一位两耳不闻窗外事的人，成就了他对电磁学的发展做出的巨大贡献。”

F 机向过去飞行了约 3 个小时，我们到达了采访目的地。

F 机停在法兰西学院的院内，这是一所世界闻名、独具一格的学术机构。这里像是一片世外桃源，景色优美，宁静安适，学术氛围浓厚。

法兰西学院与塞纳河

不一会儿，安培教授就迎了上来。他满头卷曲着头发，有着挺直又漂亮的鼻梁，半个世纪的岁月，虽然在他的脸上留下了沧桑，但依然风度翩翩，尽显了一位实验物理学家的非凡气质。

德国发行的纪念安培邮票

安培见到了我们，分外热情，与我们一一握手，随后把我们引进了他的办公室。

他已知道我们的来意，大家坐下后，他就开始讲话了。他说：

“1820 年，奥斯特发现了电流的磁效应，使人们长期以来信奉的电与磁不相关理念破灭了，这个发现极大地震动了整个科学界，也直接激发了科学界许多人的探索热情，我就是其中的一位。

“记得是在 1820 年 9 月 11 日，我听到了阿拉戈的报告。阿拉戈比我小 10 岁，是我国知名的科学家，他在瑞士听到了电流磁效应的消息后，马上返回了法国，向法国科学院报告了奥斯特的重要发现，并详细地描述了电流磁效应的实验细节。报告的内容引起了我极大的兴趣。

“第二天，我就迫不及待地重复了奥斯特的实验，仅隔一周，9 月 18 日，就向法国科学院报告了我的第一篇论文，提出了磁针的转动方向与电流方向满足右手螺旋定则。我把这个右手定则做了一个形象的比喻：如果电流的方向是从人的脚流向头，人面对着小磁针 N 极的指向，那么，导线通电后，磁针就会向左偏转。

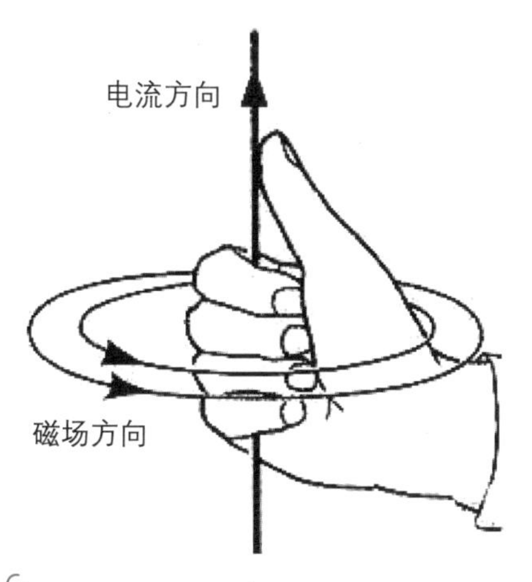

通电直线中的安培右手螺旋定则一

“接着，我又想，既然电流的周围有磁的作用，那么把两根通电导线放在一起后，各自产生的磁性一定会在导线之间有力的作用。又过了一周，9 月 25 日，我进行了多次实验，向法国科学院提交了第二篇论文，指出了电流方向相同的两条平行载流导线相互吸引，电流方向相反的两条平行载流导线相互排斥。

“我又想，如果把通电直导线绕成螺线形，导线的磁力就会形成一个合力，那么磁场就会更加密集而被加强，像一块永磁铁一样产生磁作用。我按这个想法做出了螺线管，果然显示出较强的磁性，我就用上面的右手螺旋定则来判断螺线管的磁性的方向，发现螺线管可以像指南针一样指向南北。如果有两个螺线管，它们之间的作用就像两块磁铁一样。

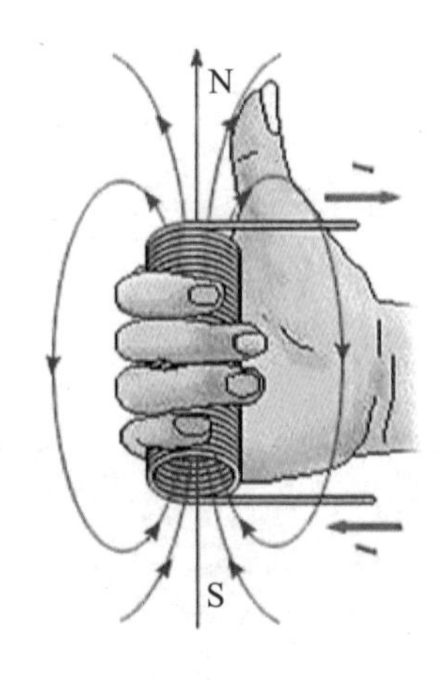

通电螺线管中的安培右手螺旋定则二

“为了定量地研究电流之间的相互作用，我设计了关于电流相互作用的四个精巧的实验。根据这四个实验，并运用数学的方法提出了电流元这个概念，它有点类似于库仑所说的‘点电荷’，然后，我就开始研究电流元之间的相互作用规律。让我异常惊奇的是，我得到的规律与库仑定律类似：两个电流元之间的相互作用的大小与它们的电流强度 I_1、I_2 以及两电流元的长度 $\mathrm{d}l_1$、$\mathrm{d}l_2$ 成正比，与它们之间的距离 r_{12} 的平方成反比。12 月 4 日，我又向法国科学院报告了这个成果。

“我又想，既然通电的导线类似于一块磁铁，那么，反过来看，天然的磁体不也是一个通电的螺线管吗？那么，天然磁铁的电流在哪里呢？我注意到了这样一个事实，如果把一个条形磁铁一折为二，就变成了两个条形磁铁，若照此法一直拆分下去，越分越细，那么应当有的结论是，天然磁体的每一个颗粒，都是一个独立的磁体，也有 N、S 两极。

“按照这样的推理，物质内部的分子，应当存在着环形的分子电流，也可以称作圆电流。物质中的每个分子也是一个微小的磁体，它也有两个极，它们显然是与分子电流分不开的。

“于是，在 1821 年 1 月，我提出了分子电流假设，认为物体内部的每个分子的圆电流会形成一个小磁体。如果这些小磁体排列有序，则这个物体就有磁性；如果分子电流的方向十分紊乱，则此物体就没有磁性。所谓让一个物体磁化，就是利用外界的作用促使所有的分子小磁体具有同一个方向排列的趋向。

“这些实验加上分析，使我完全明白了电与磁的关系，磁并不是与电分开的孤立现象，而是电多种特性的一个方面。我还对比了力学中的静力学和动力学的研究对象及名称，提出‘动电理论’

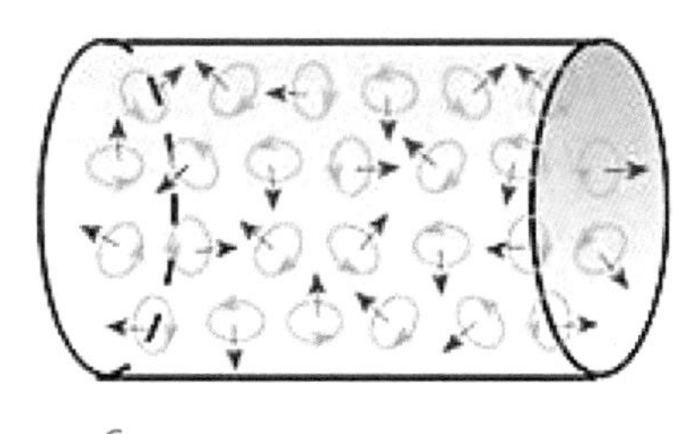

无磁性物体的分子结构

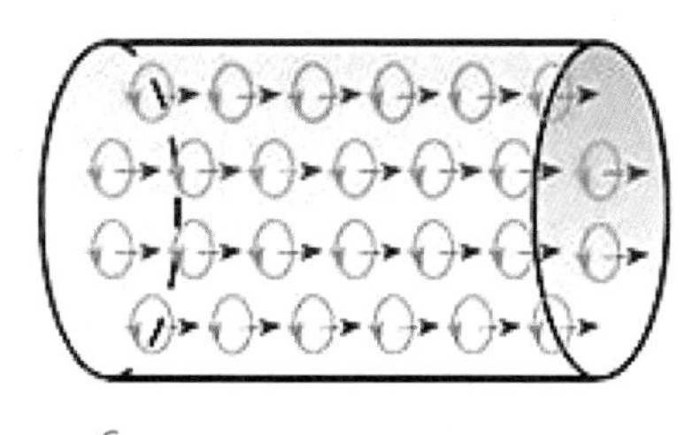

有磁性物体的分子结构

应当称之为‘电动力学’的说法。这样我就把电磁学分为两个部分——静电学和电动力学，磁学只是电动力学的一个分支，磁相互作用就是圆电流的相互作用。

“我对电与磁就做了这些工作，感谢远道而来的客人，你们居然会对我做的这些工作有兴趣。”

这次采访就这样结束了，安培热情地把我们送上了 F 机。

F 机起飞后，W 教授说：

“安培最主要的成就就是在 1820 年到 1827 年对电磁作用的研究。归纳起来主要有以下几个方面：

“安培发现了右手螺旋定则；发现了通电导线之间的相互作用规律；发现了通电螺线管表现出来的磁性，并用螺线管制作了量度电流的电流计；提出了分子电流的假说；提出了电流元之间相互作用力的规律，即安培定律。

“安培将他的研究综合在《电动力学现象的数学理论》一书中，成为电磁学史上一部经典论著。他的思想与行动都采用了牛顿的路线——观察现象，精确测量，提出规律。《电动力学现象的数学理论》的书名都与牛顿的《自然哲学的数学原理》相似。麦克斯韦称赞安培的工作是‘科学上的最光辉的成就之一’，称安培是‘电学中的牛顿’”。

W 教授接着说：

“奥斯特和安培的研究工作，揭示了电现象和磁现象之间的联系，在很短的时间内使电磁学发生了飞跃，进入了一个崭新的发展时期，为了纪念这两位科学家的功绩，人们把磁场强度的单位以‘奥斯特’命名，把电流强度的单位以‘安培’命名。

W 教授最后说：

“安培晚年的生活质量很差，女儿不听父亲的劝阻，爱上了一个酒鬼，并执意要嫁给他，从此，安培的生活陷入不幸。天下的父爱常常就是这样的，明知女儿错了，还要陪着她走下去，为了帮助女儿筹钱给那个女婿买酒喝，他到处奔波，这花费了他极大的精力，这也是安培在1827年之后再也没有做出成绩的主要原因。

“1836年6月9日晚上，安培又出门给女儿送钱，为了节省车钱，他走了很远的路，不幸累倒在路边。直至清晨，一位清洁工发现了他，把他扶到了路边的椅子上。令人意想不到的是，认为做饭比物理学更难的安培就以这种凄凉的方式告别了这个世界，物理世界的一代伟人就这样结束了自己贫穷而多难的一生。

“他的成就使他获得了多项荣誉——1814年被选为法国科学院院士及帝国学院数学部成员，1827年被选为英国皇家学会会员。

“在法国的埃菲尔铁塔上刻有72位法国名人的名字，以此来纪念他们的功绩，安培位列其中。”

采访对象：迈克尔·法拉第

采访时间：1851 年

采访地点：英国皇家研究院

法拉第是 19 世纪最伟大的物理学家，他把电与磁现象的研究推向了高峰，成为电磁学理论的奠基者。爱因斯坦认为他是科学道路上的指明灯，他在电磁学上的地位，相当于伽利略在力学上的地位。他的头像被印在英镑上流通了 10 年，他的雕像永远矗立在萨弗依广场上，供人们瞻仰。因此，对他的采访，我们十分期待。

我们与英国皇家研究院及法拉第本人进行了多次联系，确定了采访的时间、地点、内容及采访的形式后，采访的前期准备工作就完成了。

我们登上了 F 机，向 19 世纪中叶飞去。飞行时间约为 3 小时。

上了 F 机后，H 学生又开始了他的介绍。他说：

“法拉第，1791 年 9 月 22 日生于英格兰萨里纽因顿，他的父亲是一个铁匠，家境贫寒，小时候经常忍饥挨饿。据法拉第回忆，有时候一个面包甚至要吃上一个星期，只有在非常饿的时候，才会小心翼翼地咬上一口。贫困的生活使他仅仅接受了两年的小学教育就辍学回家了。12 岁时，懂事的法拉第主动找到了一份报童的工作，以维持生计并减轻家里的负担。

“13 岁时，他到一家名叫雷伯先生的书店当装订书籍的学徒，这个工作一干就是 7 年。在这 7 年里，他不仅学会了装订书籍，还阅读了大量的书籍，这对他的一生产生了重大的影响。他一有时间，就把自己埋在书堆里，对他影响最大的一本书是《大英百科全书》，书中的人物吉尔伯特、富兰克林等人令他敬佩；另一本是科普读物《化学漫谈》，从这本书中他学到了初步的化学知识，激发了他对化学的兴趣，他还用自己很少的零花钱买了些物品，动手做了一些简单的化学实验。

“他积极参加了一些科学报告会，结交了一个英国皇家研究院的知识渊博的年轻人，他叫顿斯。1812 年，在顿斯的帮助下，法拉第有幸聆听了英国皇家研究院著名化学家 H. 戴维（Sir Humphry Davy，1778—1829）主讲的题为自然哲学系列讲座的最后四场。法拉第立刻被这些演讲内容吸引了。

“这时，21 岁的法拉第学徒期已满，他又到另一家书店当了正式的装订工，虽然工薪不薄，但他对这个工作并不满意。他把这种情绪写信告诉了他所敬重的化学家戴维，而且希望自己能到科学部门工作。他在信中还附上自己记录装订的《H. 戴维爵士讲演录》，希望戴维能帮助他实现这个愿望。

“戴维本人因为父亲过早去世，15 岁就辍学从业，当了一名药剂师的学徒，也是靠刻苦自学才走上科学道路的，所以对法拉第的身世和热爱科学的精神深表同情，不仅立刻约见了法拉第，还在 1813 年 3 月推荐法拉第到英国皇家研究院实验室做他的助理实验员。英国皇家研究院保留了当时的推荐意见，上面是这样写的‘根据戴维爵士的观察，这个人能够胜任工作，他的习惯很好，上进心强，举止和谐，十分聪明。’”

说着，F 机已到达了目的地——英国皇家研究院。这里环境清静优美，建筑古朴雅致。我们刚一下机，法拉第就微笑着迎了上来，他虽已是花甲之年，但精神矍铄，步履矫健，走近一看，他那坚毅睿智的双眼，正直谦和的气质，给人印象深刻。

法拉第

他把我们带进了他的实验室。这里有不同类型的导线，各式金属圆盘，大小不等的条形磁铁和蹄形磁铁，口径不同的螺母管及大小不一的电池组等各种实验器材。穿过实验室，他引着我们来到实验室尽头的会客室。进了会客室，大家坐定后，采访就开始了。

P 学生首先发言，他说：

“尊敬的迈克尔·法拉第先生，非常高兴能见到你。你在电磁学方面的工作，对人类的生活产生了重大的、直接的影响，我们很想听一下你在这方面所做的事情。”

“好的。”法拉第说:

“我能走上科研道路，22 岁那年是一个重要的时间节点，从那开始，我成为我的恩师戴维先生的助手，虽然工资没有我辞去的装订工的高，但我很喜欢这份工作。就在那年秋天，我作为戴维老师的助手与随从到欧洲大陆进行学术考察。我们游历并考察了法国、意大利、瑞士等国家，历时 18 个月，到 1815 年春才回到英国。在这次考察中，我听了多个高等级的学术讲座，详细记载了这些讲座的内容；参观了著名科学家的实验室，了解了他们的实验方法，扩大了眼界；结识了著名的科学家安培，还掌握了法语和意大利语，这些都对我之后的科学生涯产生了重要的影响。

“考察回来后，在戴维老师的指导下，我开始了独立的化学研究工作，并于 1816 年发表了第一篇化学论文，接着，我又连续发表了几篇论文。1821 年，我 30 岁，英国皇家学会《哲学杂志》主编约我写一篇文章，综合评述自奥斯特发现电流的磁效应以来，电磁学的实验和理论发展的概况。在搜集资料的过程中，资料里关于电和磁的内容激发了我对电磁现象进行研究的强大热情，从此，我就从化学转向了对电和磁的研究。

“我还清楚地记得，那是 1821 年 9 月 3 日，我重复了奥斯特的实验，把小磁针放在载流导线不同的位置，经反复观察，我发现小磁针有环绕导线做圆运动的明确‘意愿’。我立刻就想到，电流对小磁针的作用应当是一个使磁体作持续运动的作用。就在那年，我实现了磁针的‘意愿’，那年圣诞节的早晨，我给我的妻子表演了这个实验。

“在一只开口的深容器中，我装了约五分之四的水银，水银上方、下方分别固定两根金属棒 A 和 B，再把一根细长的磁棒 C 悬浮在水银中，上端露出水银面，下端与金属棒 B 的上端用细丝衔接。A、B 连接伏打电池。通电后，磁棒 C 就不停地旋转了起来。这实现了我 9 月 3 日的看法，电流能使一个磁体连续地运动起来。

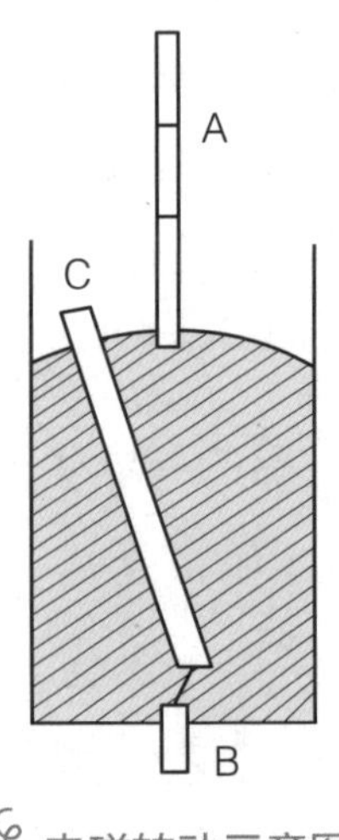

电磁转动示意图

“通过奥斯特的实验，我又在想，既然电流的周围生出了磁，那么，磁是不是也可以生出电来呢？是不是也可以在一个磁体周围的导线中感应出电流来呢？

“问题提出来了，但寻找答案却很不容易，我差不多用了 10 年的时间，才找到了问题的解，为什么会用这么长的时间？

“现在看起来，问题的症结是总错误地认为‘磁生电’会像‘电生磁’那样，是一个不需要变动的过程。因为导线中有了电，它的周围就会出现磁。这自然会让我想到，在一个磁体周围的导线中，也应当能够生出电流来。当时，包括安培在内的多位科学家都走进了这个误区，都在不断地加大磁性的强度方面猛下功夫，其实到后来才发现，‘磁生电’的关键是磁强度的变化，而不是磁强度的大小。

“我清楚地记得那是 1831 年 8 月 29 日，经过 10 年无数次的失败，这一天，终于让我获得了成功。我放弃了过去用螺线管的方法，用 1 根直径约为 7~8 英寸的软铁做成一个圆形环，其直径约为 6 英寸。再将不相连接的约 24 英尺长的铜线绕在环的左、右两边，形成线圈。左边的线圈连接伏打电池，用开关自由控制；右边的线圈接一个电流检测计。当接通或切断电源时，我惊喜地发现，电流检测计的指针在摆动，最后又恢复到原来的位置，表明右边的线圈中出现了电流。显然，右边的线圈中的电流，只能是由左边的线圈中电流的变化而感应出来的，我把它称作‘伏打电感应’。到了 10 月，我又发现只要磁铁与导线的闭合回路有相对运动，就会在闭合回路中出现感应出来的电流，我称之为‘磁电感应’。这些就是我找到的电磁感应原理。

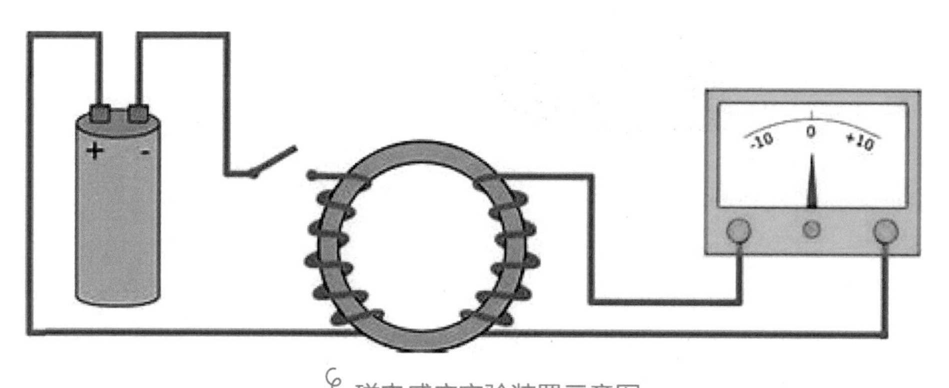

磁电感应实验装置示意图

“就在这一年的 9、10 月份，我还做了大量的实验来展示磁电感应现象。我还记得是在这一年的圣诞节前夕，我在朋友们面前的一次表演。在一个黄铜制成的轴上支上一个可旋转的铜圆盘，铜圆盘的边缘伸到一个水平固定的马蹄形磁铁的两极之间。轴上连一根导线，铜圆盘的边缘始终保持与一根导线接触，而不随铜圆盘转动，这两根导线再与一个电流计相连。当铜圆盘转动时，电流计的指针就偏转一个角度，说明有电流通过，转速越大，偏转的角度就越大，说明电流越大；如果铜圆盘反向转动，指针就会向相反的方向转动，这说明出现了反向的电流，这个实验做得很成功。我清楚地记得，在做完实验后，当场的一位贵夫人取笑地问我‘法拉第先生，你发明的这个玩意儿会有什么用呢？’我这样回答了她‘夫人，一个新生的婴儿会有什么用呢？’

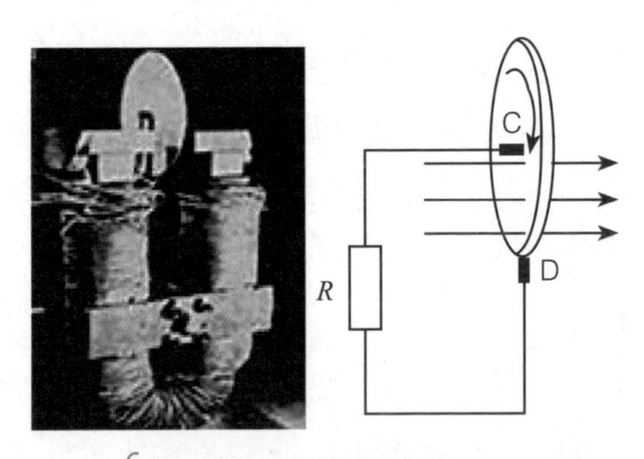

磁电感应装置及简易电路图

“通过大量的实验，1831 年 11 月 24 日，我写了一篇论文，把可以产生感应电流的情况概括成五类——①变化着的电流；②变化着的磁场；③运动着的稳恒电流；④运动着的磁铁；⑤在磁场中运动的导体。

“发现电磁感应原理后，我又在想一个问题——电磁作用是如何传递的呢？自然界物体之间的相互作用力有压力、拉力和摩擦力等，这些力都是由物与物的相互接触而产生的，除此，还有像万有引力、静电力、电流线之间的作用力，这些都没有物与物之间的接触，是非接触力，这些非接触的相互作用力是如何传递的呢？

“牛顿提出了万有引力，但他没有回答这个问题，把这个问题留给了后人。富兰克林、库仑、安培等大多数科学家认为这是一种超距作用。这种观念认为相隔一定距离物体之间的作用力，不需要媒介传递，也没有传递的时间，是直接发生、瞬时出现的一种作用力。

“到了1837年，我通过长期的思考，引进了电场和磁场的概念，指出电与磁的周围都有场的存在，它们之间出现的相互作用力，均是通过相对应的场来实现的，从而打破了‘超距作用’的传统观念。

“随后，我又提出了磁力线、电力线的全新概念，认为在磁极和带电体的周围空间充满着磁力线和电力线，电力线将电荷联系在一起，磁力线将磁极联系在一起，电荷与磁极的变化会引起相应力线的变化，是力线将磁极或电荷联系到了一起。它们像是一根根橡皮筋，由于磁或电的力把它沿侧向拉伸，而自身又向纵向收缩，所以它们是电力和磁力的传递者，力线的疏密描述了作用的强弱。在我去年写的《论磁力线》中就指出‘无论导线是垂直的，还是倾斜地越过磁力线，也无论它是沿某一个方向或另一个方向越过磁力线，在导线中形成电流的力都正比于切割磁力线的

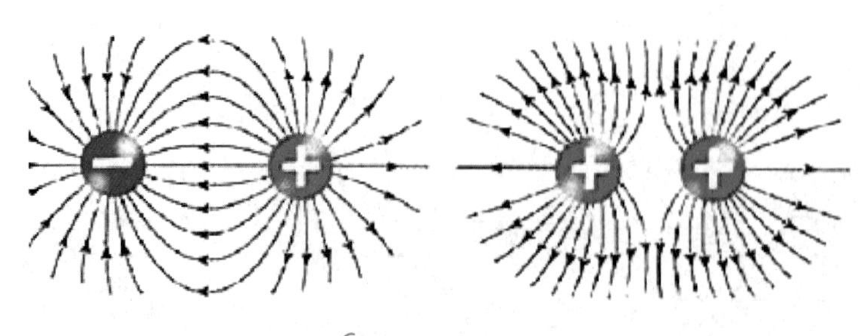

电力线示意图

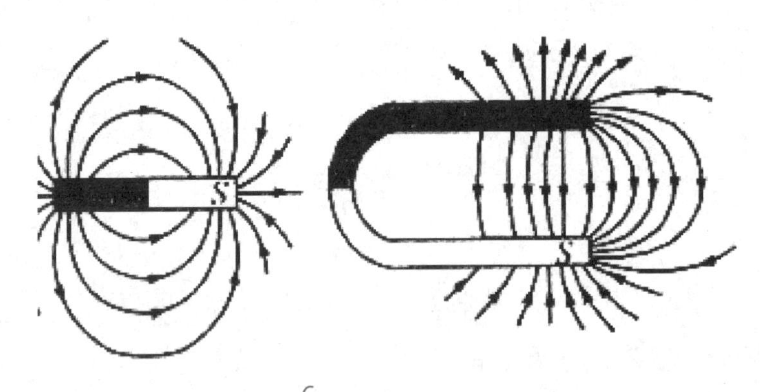

磁力线示意图

数目’，这个图像为解释电磁学中的定律提供了形象清晰的依据。

“关于我在电磁学方面做的工作，主要就是这些，我就讲这些内容。”

听完法拉第的讲话后，怀着极大的好奇心，在他的引导下，我们又来到了他的实验室。他演示了几个典型的磁电感应实验后，我们离开实验室，这次采访就这样结束了。

我们与法拉第先生逐一握手道别，后又回到 F 机。

在机舱内，W 教授又开始了他的发言。他说：

“1837 年，法拉第提出了场的概念，指出电与磁之间的相互作用都是通过场来实现的。这里的场就是场之源，比如，1个带电粒子或1个磁极，它对于周围空间产生的影响，这个影响不是对空间内的物体，而是对空间本身产生了影响，可以想象空间内出现了应力或振动。不同类型的力可以对应不同概念的场，比如，空间的任何一个区域都存在引力场，场中处处可以出现引力。场概念的出现，能帮助我们理解一个物体对另一个远处物体施加的力。

“随后，法拉第又提出了力线的概念，他在一张均匀撒了铁粉的纸下面用磁棒轻轻颤动，铁粉就把磁力线清晰地呈现出来。这使人们对于场的理解更加形象和具体。场与力线的引入，成为牛顿之后物理学的一个重要特征，因为通过物质才能传递相互作用的思想是极其可贵的。

“这里再补充说一件有意思的事。1832年，法拉第写了一封密信寄给了英国皇家学会，希望能把这封信藏起来，信封上是这样写的——‘现在应当收藏在皇家学会档案馆里的一些新观点’。这封信在档案馆里沉睡了一百多年，直到1938年，才被后人发现并启封。法拉第在这封信中预言了磁感应与电感应的传播，暗示了电磁波存在的可能性，还预言了光可能是一种电磁传播。他在信的最后写道‘就我所知，现在除了我，科学家中还没有人持这样的观念’。让人想不到的是，他的这些观念，几十年后，都被实验证明为事实。

“自1831年，法拉第的电磁感应原理被发现后，电器的应用很快就发展起来。人们就把发现这一原理的1831年定义为电器时代的纪元元年。从1831年开始，法拉第持续写作24年，撰写了三卷巨著《电学的实验研究》，书中汇集了他的精巧实验，也表述了他对物理学的深刻见解。他也是第一台电动机、第一台发电机的制造者。他提出了电磁感应定律，为麦克斯韦方程组的建立提供了理论基础。也许一位物理学家的工作，就是面对自然界的某一类提问，用实验与思考之间反复的相互作用，找出相关问题的答案。

“除了在科学杂志上发表大量的文章，撰写巨著，他从 1820 年到 1862 年连续不断地记日记，一共 7 厚册，足足 3632 页，几千幅插图，这成了研究他的科学成果最卓越的档案，这些日记记录了他取得的几乎全部的科研成果。下面是他日记中的一张草图，描述了电磁感应的发现。线圈 A 通电或者断电时会使线圈 B 中出现短暂的电流。

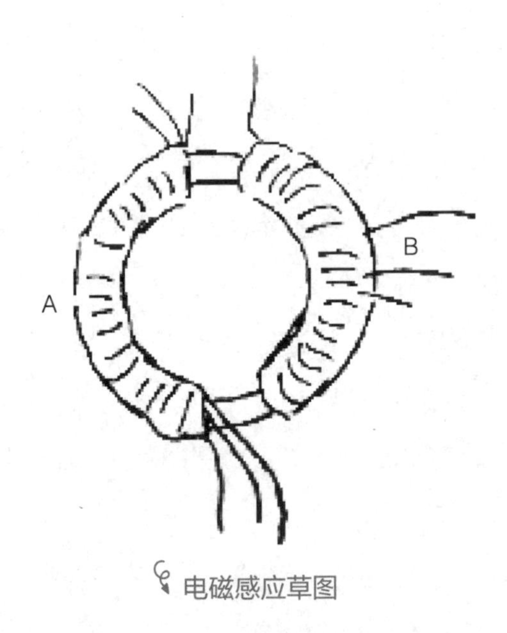

电磁感应草图

这是他日记中的另一张图，示意当磁铁插入或抽出线圈时，线路中会产生电流。”

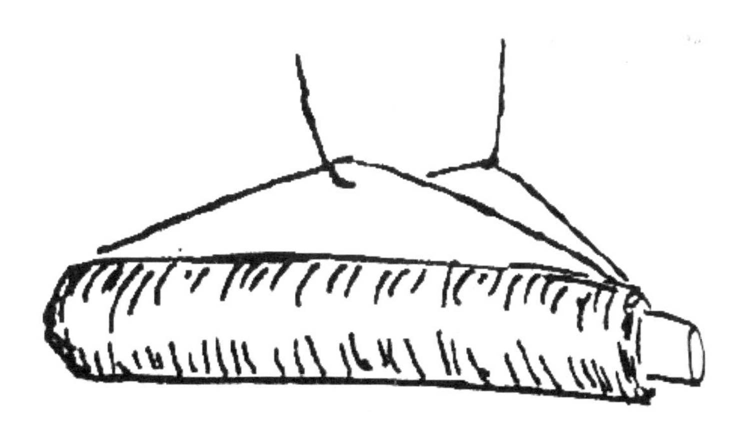

变化的磁场会产生电流草图

W 教授话锋一转，又说：

“1824 年，他参与冶炼不锈钢和研制折光性能良好的重冕玻璃。不少公司用重金聘请他当他们的技术顾问。为了专心从事研究，他婉言推掉了这些聘请，放弃了一切有丰厚报酬的商业性工作。

“曾经在研究院与法拉第一起工作过的他的学生与朋友丁铎尔，写过一本《作为一个发现者的法拉第》的书，书中有这样一段话‘这位铁匠的儿子，订书商的学徒，他的一生，一方面可以得到十五万英镑的财富，一方面是完全没有报酬的学问，要在这两者之间的抉择，结果他选择了后者，终生过着清贫的日子。他说要知道如何心平气和地对待世界上的万事万物。’然而，正是这样的法拉第，使英国的科学声誉比其他国家都高一些，获得接近 40 年的光荣。

“1857 年，他谢绝了英国皇家学会拟选他为会长的提名，甘愿以平民身份为科学献身，在英国皇家学院实验室工作了一辈子。他说——我只是一个普通人。如果我接受英国皇家学会给予我的荣誉，我并不能保证自己的真诚和正直，连一年也保证不了。他还在工作之余，热心于公共事业，长期为英国许多公司、机构提供无偿服务。他热心科普，主持了‘星期五晚讨论会’科普系列活动，举办了大大小小 100 多次的科学演讲，坚持开展圣诞节科普讲座，这个习惯持续了整整 19 年。他的演讲深入浅出，为少年儿童开启了一扇丰富有趣的科学大门。他写的《蜡烛的故事》一书家喻户晓，被译为各种文字而影响了一代又一代年轻人。

“他无儿无女，与妻子相爱一生。他在一次公开的演讲中深情地说‘她是我一生第一个爱，也是我最后一个爱，她让我年轻时最灿烂的梦想得以实现，也让我年老时依旧感到欣慰。每天相处，都有淡淡的喜悦；每个时刻，仍是我丝丝的挂念’。法拉第一生不曾有过属于自己的房子，他和夫人在英国皇家研究院的顶楼小房间里整整住了 42 年。据说 1858 年退休的那一天，他和妻子提着皮箱走出大门时，维多利亚女皇和她的皇家仪仗队特地前来欢送他们。女皇邀请说，‘搬到我为你们准备的房子吧！’可是法拉第摇了摇头，说，‘多谢了，但我付不起房租。’女皇笑着说，‘免租金。’法拉第依然推托‘这么大的房子，我付不起维修管理费。’女皇又笑了，‘别担心，我来付好了。’最后，法拉第夫妇搬进了一处曾是一位石匠居住的地方，平静地度过了余生。

“1867 年 8 月 25 日，他坐在书房的椅子上平静地离开了这个世界。在伦敦有一所神圣的威斯敏斯特教堂 (Westminster Abbey)，又译西敏寺，是英国国王登基和皇室举行婚礼的地方。如果死后能被安葬于此，哪怕是放上一块墓碑，便是至高无上的荣耀。这里长眠着许多伟大人物——牛顿、达尔文、狄更斯、丘吉尔、弥尔顿等。法拉第怀着一辈子都是一个平民的执着，生前拒绝了女皇把他安葬在西敏寺的建议，最终长眠在伦敦北面的High-gate坟场。法拉第坚韧不拔的科学探索精神、淳朴无私的人格，让人敬仰。不过，刻着他名字的一块碑石后来还是被庄严敬重地放进了西敏寺内的牛顿墓旁。下图为印有法拉第肖像的英镑纸币。

英镑纸币上的法拉第肖像

“后人为了纪念他，用他的名字命名电容的单位——法拉，简称法（F）。

“我想，生活在现代文明社会里的每一个人，都应当知道他。爱因斯坦的书房墙壁上仅仅挂着牛顿、麦克斯韦和法拉第三位的肖像。

“他为了‘电磁’这件事，用24年写了《电学实验研究》这本书，用42年的日记，详细记录了他所做的各种实验。法拉第用他的一生诠释了什么是科学家精神，若能向他学习，有一个目标，持之以恒数十年，也一定能为这个世界做点实事。”

采访对象：詹姆斯·克拉克·麦克斯韦

采访时间：1874 年

采访地点：卡文迪什实验室

我们登上 F 机，向 19 世纪 70 年代飞去。

飞行不久，H 学生开始了他的介绍。他说：

“我们今天采访的地点是剑桥大学卡文迪什实验室。实验室建于 1871—1874 年，是由当时剑桥大学的卡文迪什公爵捐赠建立的。该实验室的研究领域包括粒子物理学、天体物理学、固体物理学和生物物理学。自成立以来，有着许多足以影响人类进步的重要科研成果，为人类的科学发展做出了举足轻重的贡献。在地球上无数个实验室当中，它无疑是一座出类拔萃的顶级实验室。

“今天采访的大物理学家麦克斯韦，他于 1871 年被聘为新设立的卡文迪什实验室教授，并负责筹建这个实验室。1874 年实验室建成后，他担任第一任的实验室主任，之后一直在这里工作，直到 1879 年病逝。”

H 学生又介绍说：

“麦克斯韦的人生经历可以说是非常平淡，既没有大富大贵，也没有大起大落。1831 年 6 月 13 日，麦克斯韦出生于英国苏格兰的爱丁堡。这一年恰好是法拉第发现电磁感应定律的那一年，这似乎不像是一种巧合，而是注定他要与电磁学结缘。

“他的父亲是一位律师，也是一位工程师和发明家，知识渊博，兴趣广泛，喜欢科学。麦克斯韦在父亲的引导下热爱科学。他 10 岁进入爱丁堡中学，随后经常随父亲到爱丁堡皇家科学院听科学讲座，14 岁就发表了第一篇学术论文《论卵形曲线的机械画法》，被人们誉为‘神童’。

“他 16 岁进入爱丁堡大学，学习物理学，19 岁进入剑桥大学三一学院研习数学，非常幸运的是，在剑桥大学的一个偶然机会，麦克斯韦认识了著名数学家霍普金斯，从此得到了霍普金斯和另一位数学家斯托克斯的悉心指导，从而打下了非常坚实的数学基础，这也为他将数学作为工具成功运用于电磁学理论做好了准备。”

说着，F 机已稳稳地停在实验楼旁的一片空地上。我们走到了剑桥大学卡文迪什实验室的大楼前。实验楼的入口有一个雕刻精美的尖顶大拱门，还未走到门口，就见到了麦克斯韦先生，他已经在那儿等着我们了。

他只有四十多岁的年纪，看上去有些疲倦，身体也略显孱弱。他那浓密的头发和蓬松的大胡子通过厚厚的鬓发连在一起，明朗的大眼，宽大的额头，有一种超凡脱俗的风采。

他领着我们走进了实验大楼。在这个宽敞的大楼里有无数个大大小小的实验室。他把我们引进了他的主任办公室，这是卡文迪什实验室第一任主任的办公室，宽敞明亮，布局合理，有办公区和会客区。我们到了会客区，坐定后，期待的采访就开始了。

P 学生首先开言，说道：

“尊敬的麦克斯韦先生，有幸能在这里见到你。你在物理世界里所做的工作，直接和普遍地影响了几乎地球上的每个地方和每

麦克斯韦

个人，给人类的文明带来了巨变，开启了一个新的时代。很想听你本人讲一讲，你在电磁场方面的工作是如何做出来的。”

麦克斯韦说：

“欢迎你们的到来，欢迎你们能来采访，其实，细想起来，我的成功主要是前人的工作为我创造的条件，尤其是法拉第。我的成功就是建立在他坚持不懈的实验工作的基础上的。他完成了大量的实验，找到了电与磁的关系，以及所呈现的规律，我只是用数学的方法，表述了法拉第的实验成果，对电磁现象进行了数学上的归纳与总结，整理出一个可以用数学的方程来描述的自洽理论，仅此而已。

“我是 1854 年从剑桥大学毕业的。毕业不久，我感觉自己对电磁现象情有独钟，很快就开始了对电磁学的研究。我首先认真地阅读了法拉第的《电学实验研究》一书，立即就被书中的实验和见解吸引住了，经反复阅读，我对法拉第的实验报告和日记内容很稔熟。

“我非常敬佩法拉第，他的实验做得太好了，是一位名副其实的物理学实验大师。但我总感到一种缺憾，他不能用数学语言表述他的实验所展示的思想，他的论文几乎没有一个数学公式，有人说像实验报告。

“我读了他的书和日记，心里就产生了一种不能遏止的冲动，就是想用数学语言来表述法拉第实验所包含的物理规律与思想。

“一开始，我特别关注法拉第提出的力线概念，感到这种表述方式很形象，也有价值，但没有用数学语言严格表述，我决定做一做这方面的工作，弥补这个缺陷。

“1856 年，我发表了电磁理论的第一篇论文《论法拉第的力线》。论文的开头，我评述了当时电磁学的研究状况，指出虽然建立了许多实验定律和数学理论，但没有揭示出各种电磁现象之间的联系，因而不利于理论的发展。我的这篇论文用严密的数学方式，使力线这个概念用数学的方法进行表述，并且很容易地导出了电磁学的其他几个规律。

“近几年来，我几乎每天都在阅读和思考法拉第的著作，很想见一见他本人，也便于求教于他有些问题。1860 年，我到伦敦拜访了年近七旬的法拉第。

“他很热情地接待了我，肯定并赞扬了我的工作，说我是能真正理解‘力线’概念的人，鼓励我不要停留在只做数学上的‘翻译’，要有突破，建立一个完备的、高层次的电磁学理论。这次访问，我有颇多感触，对我的鼓励也很大。

“1862 年，我发表了电磁学的第二篇论文《论物理力线》，进一步发展了法拉第的思想，得到了电场与磁场可以相互转化的想法，并由变化的电场首创了‘位移电流’的概念。当时我是这么想的，电效应与磁效应的对称性是显然的，既然法拉第提出了磁场的变化能产生电场，我想电场的任何变化也应当产生磁场。

“由于这种对称性，电场与磁场就会相互产生，再产生，这就是说，空间某一点的电场或磁场发生了变化，比如，你晃动一片带电的塑料薄片，这个变化的电场就向外传递，这会引起邻近的磁场发生变化，而这个变化的磁场就会引起电场的变化，以这种交错形式的电磁场继续向外传播，如此延续下去，这种电磁场就会传播得越来越远，而且还一定会有一个时间的延迟，这就是电磁波的传播。理论上可以证明，它是以光速在空间传播的，由此我断定光也是一种电磁波，这样我把光学也纳入了我的电磁理论框架，提出了电磁场理论更完整的表述。

“这里还要补充的一点是，电磁波不像水波那样，是传播介质的运动，是实物的运动，是可以看得见的。电磁波的传播没有介质，就是电磁场自身的传播，因此不能直接看到，只能用相关的带电或带磁的物体检测到。

“1864 年，我的第三篇论文《电磁场的动力学理论》发表，这篇论文是从几个基本的事实出发，运用‘场’的概念，用演绎法，建立了系统的电磁理论。在这篇文章中，我提出了一组共 8 个方程，其中每一个方程都解释了电磁谜团的一小部分。这是用一组完美的数学语言来精确地表述电磁学理论。我非常满意我的这种表述，我也很高兴能找到这种完美的表述。

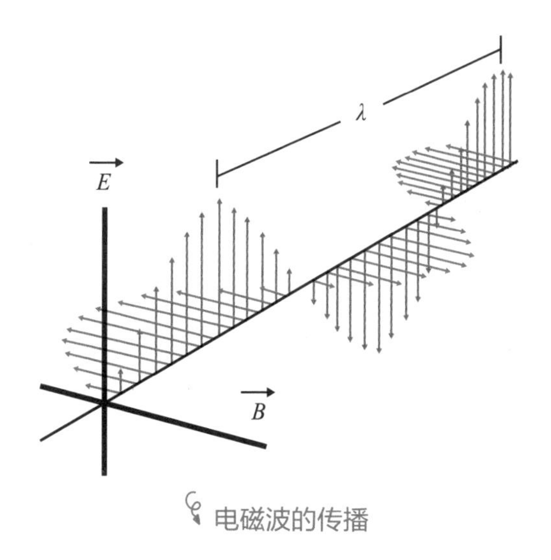

电磁波的传播

“1873 年，我出版了《电学和磁学论》一书，把 19 世纪以来的电磁学成就进行了全面的总结，从场的观点出发，建立了完整的电磁理论体系。

“书里回答了什么是电磁场，电磁场就是包含和围绕处于电和磁状态的那一部分空间。电磁场既可以存在于普通的物体中，也可以存在于真空中，它可以存储电磁扰动所产生的动能与势能。

“在这本著作中，我给出了电磁场的普遍方程。这些方程包含了库仑定律、安培定律、法拉第电磁感应等，确定了电荷、电流、电场、磁场之间的普遍联系，统一描述了电磁运动的基本规律。

“根据这些规律，我指出电磁波是横波，传播的速度与光速是一样的，因此，我断定光本身就是电磁波动，是按照电磁的定律以波的形式通过电磁场传播的。”

他最后说：“以上讲的内容，就是我在电磁学上做的主要工作。”

麦克斯韦教授讲了约一个小时，看上去有些疲劳了，我们的采访也就终止了。

与大师级的物理学家告别后，我们依依不舍地登上了 F 机。

W 教授开始了他的发言，他说：

“他著的《电学和磁学论》是一本电磁学的百科全书，是集电磁理论大成的经典著作，被科学界尊为继牛顿《自然哲学的数学原理》之后的最重要的一部物理学经典。他总结了法拉第等人的成果，建立了完整的电磁理论体系，是物理世界中的又一次大综合。

“当时，麦克斯韦提出的 8 个方程，到 1890 年，由物理学家赫兹先生将这 8 个方程简化为具有完美对称形式的 4 个方程。第一个方程量化了在某一时刻，空间某点的电荷密度对电场的变化；第二个方程是说，由于磁力总是沿环向运动，由此不会有任何增加和减少，总的变化是零；第三个方程是说磁场的变化速度决定了电场的形态；第四个方程是说电场的变化会决定磁场的形态。前两个方程分别说出了电场和磁场的特点，后两个方程说出了电场与磁场之间的关联。

“麦克斯韦建立的方程组，毫不夸张地说，就是今天文明的基础。美国物理学家、诺贝尔奖得主费曼说，‘在人类的历史上，从长远来看，就从现在开始的一万年之后，将麦克斯韦发现的电动力学定律作为 19 世纪最伟大的事件，几乎无可置疑。与这一重要的科学事件相比，同时代的美国内战都会黯然失色，显得狭隘而渺小。’爱因斯坦说，‘这组方程的提出是自牛顿时代以来物理学史上最重要的事件，这不仅是因为它的内容丰富，而且还因为它构成了一个新型典范。’

“在物理世界里，有几座秀丽巍峨的高峰，麦克斯韦是其中重要的一座。”

W 教授接着说：

“麦克斯韦除了在电磁领域做了一些工作，还在统计物理学、热力学、天体物理学上做过不少工作。他 20 岁时，写过一篇关于土星光环的论文，通过数学计算，做出这样的预言——土星光环既不是固体，也不是液体，因为在那种条件下的引力和离心力的作用就会使它分崩离析，因此它只能是一群离散微小的星体聚集的小天体群，否则就不能保持稳定。100 多年后，一架探测器到达土星周围，证实了麦克斯韦的说法。

“在热力学中，他还制造了一个称作‘麦克斯韦妖’的小妖精，这妖精神通广大，魔法惊天，在物理世界广为流传。

“他还有两项成就——一是前面我们在采访卡文迪什时提到的，他整理出版了卡文迪什的手稿；二是在 1871 年，开始筹建卡文迪什实验室，他是第一任实验室主任，在他和以后几任主任的领导下，卡文迪什实验室成为闻名世界的学术中心之一，先后培养出了 32 位诺贝尔奖获得者（统计到 21 世纪 20 年代），这个实验室成为诺贝尔奖的摇篮，创造了科学界的一个奇迹。

“麦克斯韦电磁场理论将电、磁与光和谐地、对称地统一起来，在人类历史上是一次重大跨越。科学史上称牛顿把天上和地上的运动规律统一起来，实现了物理学史上第一次大综合，麦克斯韦把电、磁、光统一起来，实现了物理学史上第二次大综合。麦克斯韦方程组在电磁学领域中的地位能与牛顿定律在力学中的地位相媲美。但是随着经典物理学危机的到来，电磁场理论也遇到了‘以太疑难’。爱因斯坦就是在解决‘以太疑难’的过程中，用对称的思想，最终建立了相对论。

“1879 年 11 月 5 日，麦克斯韦因病去世，年仅 48 岁，葬于苏格兰西南部洛蒙德湖（Loch Lomond）附近的一座教堂中。那一年，正好是爱因斯坦出生的年份。像伽利略去世的那一年牛顿出生一样，这似乎是在冥冥之中又完成了一次科学上的伟大接力。量子论创立者普朗克也是麦克斯韦的忠实粉丝，他是这么评价麦克斯韦的——他的光辉名字将永远镌刻在经典物理学的门扉上，永放光芒。从出生地来说，他属于爱丁堡；从个人来说，他属于剑桥大学；从功绩来说，他属于全世界。

“1887 年，在麦克斯韦离世后的第 8 年，他预言的电磁波被德国物理学家赫兹用实验证实，赫兹是我们下一站要采访的对象。到 1895 年，波波夫和马可尼实现了无线电通信，电磁波已经成为信息时代最基本的物质载体。”

信息时代的物质载体——电磁波

采访对象：海因里希·鲁道夫·赫兹
采访时间：1888 年
采访地点：卡尔斯鲁厄工业大学

一切准备就绪后，我们登上了F机，向19世纪80年代末飞了过去。

在F机上，H学生介绍了相关的情况。他说：

“我们今天采访的地点是卡尔斯鲁厄工业大学，我先介绍一下这所学校，该校创办于1825年，坐落于德国边境名城卡尔斯鲁厄，是德国最顶尖的理工科大学之一，被人们誉为德国的麻省理工。

“我们今天采访的赫兹先生，1885年在这里工作。他工作的成果主要是在这里完成的，在这里工作了四年，到1889年4月，他离开这里到波恩大学。

“赫兹1857年2月22日出生在德国汉堡，从小学习能力极强，展示出良好的科学与语言天赋，喜欢学习阿拉伯语和梵文。他原想成为一名出色的工程师，但就读慕尼黑工业学院时，发现自己对自然科学更感兴趣。在父亲的支持下，赫兹转学到了柏林大学，在H.von亥姆霍兹指导下学习并进行研究工作。他对物理学的领悟能力极高，不仅成绩优异，而且动手能力还强，很快就从同学中脱颖而出，23岁就获得了博士学位。

“1883年，26岁的赫兹收到基尔大学的邀请，出任该校理论物理学讲师。两年后，由于其教学与科研成绩都不错，基尔大学准备晋升赫兹为副教授，而就在此时，德国西南部边境的卡尔斯鲁厄工业大学，也向他伸来了橄榄枝，聘他为物理学教授。考虑到这个大学有较好的实验条件，他也不愿做一名纯理论的物理学家。最终，热爱实验的赫兹选择了卡尔斯鲁厄工业大学。”

飞了约 3 个小时，我们到了卡尔斯鲁厄工业大学。这里的校园环境很好，静悄悄的，仿佛笼罩着浓厚的学术氛围。在一座实验楼前，我们见到了赫兹先生，一位刚过而立之年的青年才俊。他长脸高鼻，络腮胡，透着一种勤奋朴实、温文尔雅的学者气质，真想不到他这么年轻就取得了这么重大的成就。

他领着我们走进了大楼，走到他的工作室，这里有黑板和讲台，台下还有几张桌子。我们就在这里进行了采访。

德国邮票上的赫兹

赫兹

P 学生开言道:

“尊敬的赫兹教授，现代社会出现的各式各样的无线电通信技术，准确地说，都是从你的伟大实验开始，再逐步展开的。我们有幸来到这里，很想听你说一下证实电磁波存在的具体过程，了解这一重大事件的详情。”

赫兹说:

“好的。很高兴能见到几个世纪后的你们，我已经知道你们的来意，下面就给你们做详细介绍。

“我得先从麦克斯韦先生的《电学和磁学论》这本伟大的著作说起，这本著作发表于1873年，那时我只有16岁，还不知道世界上有这本书。进入大学学习时，我开始接触这部著作。麦克斯韦在这本书中提出了电磁波的概念，认为这种波是在一定的时空中传播的，传播有一定的速度。这种观念的出现，在当时欧洲几乎没有立足之地，多数人认为这是一种奇谈怪论，他们都持这样的观点——即便电磁波存在，它的传播速度也是无限大的，对其他物体的作用与影响都是瞬间完成的，是像牛顿提出的万有引力那样的‘超距作用’。当时，只有两个人不同意这种看法——一位奥地利的物理学家玻尔兹曼，另一位是我的老师亥姆霍茨。

“我的老师对电磁理论有深入的研究，他深信那么完美的麦克斯韦方程组，是不可能有错的。我受老师的影响，也同意这样的看法，并想如何通过实验来证实电磁波的存在，证明麦克斯韦理论的正确。

“为了证实哪一种说法是正确的，我的老师还不惜重金，提出悬赏，只要能严格地证明麦克斯韦理论是否成立，就可以获得100

个杜卡特（意大利威尼斯铸造的金币，含金量为 0.997，每个重 3.56 克）。悬赏提出后，对电磁波传播真相有好奇心的人不少，对这笔赏金心动的人更多。

“就在那时，我的老师给我来信，希望我能加入验证麦克斯韦电磁理论的活动中来。其实，我早就想做这项工作了，老师的来信，更加鼓舞了我。我又认真阅读、研究了麦克斯韦的著作，一段时间后，我在大脑中酝酿出一个切实可行的实验方案。

“1886 年 10 月，我在做放电实验时，发现在近处的线圈也发出了火花。我敏锐地意识到，这可能是电磁波经过这里时起了作用。随后，我集中精力，全力以赴，想把这个实验做成、做好。

“按照麦克斯韦理论，电的振动就会辐射电磁波，于是我根据电容器放电时能激发火花，产生振荡的原理，设计了一套电磁波发生器。到 1886 年 12 月 2 日，我制作了一套装置，这个装置虽然简单，但我想它能够达到实验的目的。这套装置可分为发射器和接收器两部分，两部分并不连接，且相隔约 10 米远。

“发射部分是将高压感应线圈用导线与两根铜棒连接，每根铜棒均竖直放置，上端各顶着一个大铜球，这两个大铜球像电容器那样，可以聚集、存储电荷。在两根铜棒之间再分别通过两根金属横杆连接两个小铜球，使其间有很小的间隙。接收部分是用了一根较粗的导线圆环，也垂直放置，上端开一个缺口，缺口两边焊接两个小铜球，两个小铜球间也留有很小的间隙。

“那天下午，我来到实验室后，又认真反复地检查了发射和接收部分，一切妥当后，我踌躇满志地合上了发射电路的开关，不一会儿，我看到了一束美丽的蓝色电火花闪耀在发射器两个横向支着的小铜球之间，随后，我又看到了接收器的环形导线上的小铜球之间也出现了电火花。这个结果让我欣喜若狂，确信电磁波是一定存在的，是一个毋庸置疑的事实。在后续的多次实验中，我调节了发射器与接收器之间的距离，并根据电火花的强度变化计算出了电磁波的波长。下面是当时实验时的一张简单示意图。

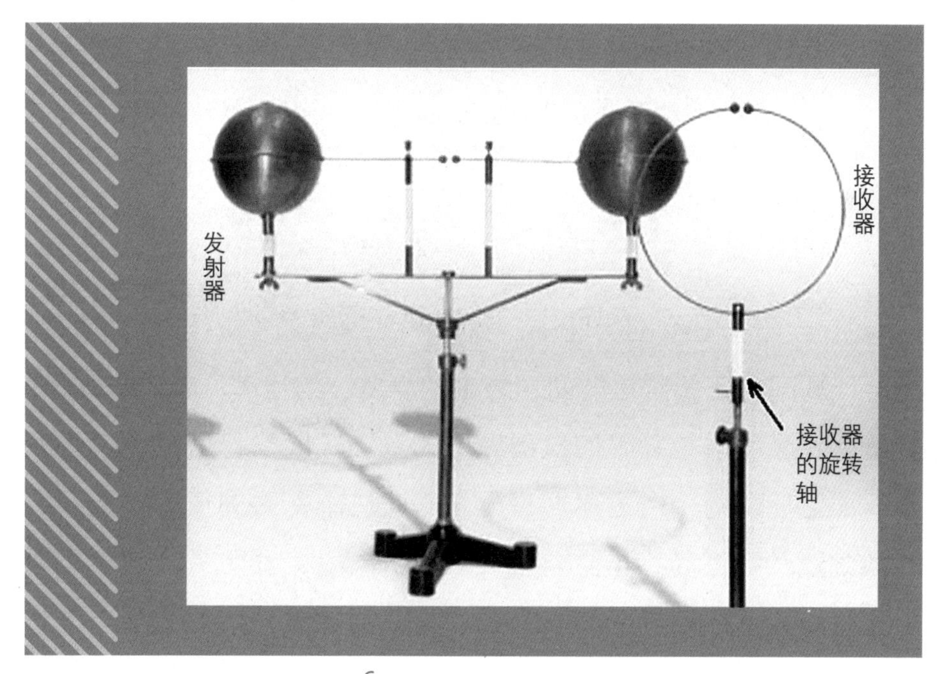

赫兹的实验装置（仿制品）

“我整理了我的实验成果，写成了论文。于 1887 年 12 月 5 日寄给了我的老师亥姆霍兹，论文的题目是《论在绝缘体中电过程引起的感应现象》。

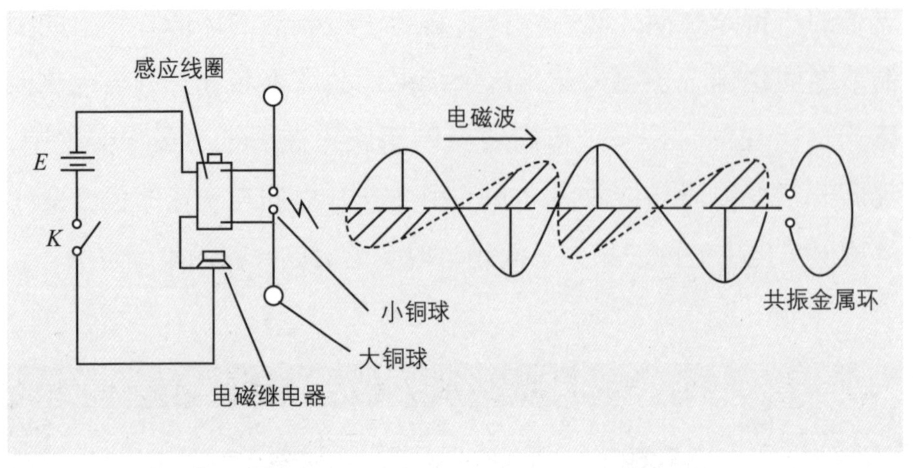

发现电磁波的电路图及产生的电磁波示意图

“在接下来进行的实验中，我根据发射器上感应线圈与接收器上导线环间火花的延迟时间，测量了电磁波的速率，它等于光速。接着，我又用这个简单的仪器做了大量的实验，包括电磁波在固定表面上的反射、用金属凹镜聚焦、通过小孔时的衍射、显示干涉效应以及通过非导体材料棱镜时的折射等，证明了这种电磁辐射具有与光一样的特性。我于 1888 年 1 月将这些成果记录在论文《论动电的传播速度》中。

“在这类实验进行的过程中，我还发现——带电金属当被紫外光照射时会随即失去电荷，有增强的电火花出现，这一现象很让我好奇，令我惋惜的是，我未能找到这个问题的答案。

“我的主要工作就是这些，感谢你们能这么认真地听完我的演讲，再次感谢你们的来访！”

我们与这位伟大的科学家握手道别。

采访结束后，我们又登上 F 机。W 教授开始了他的发言。他说：

“自古希腊以来，科学界普遍地认为宇宙是由极微小的实物原子构成的，伽利略和牛顿都持这样的观点，爱因斯坦从理论上也证明了原子的存在，但是当 1837 年法拉第首次提出电磁场的概念时，后经麦克斯韦、赫兹证实了电磁场的真实存在并在空间传播，它携带着能量，是宇宙间不同于原子的一种真实的物质存在形式，一种新的物质形态被发现了。科学的进步，总是在不断地扩大我们认识物质世界的范围。

“我再说一说赫兹的实验，它明确地证明麦克斯韦理论，使这个理论有了可靠的实验基础而普遍地被人们认可，麦克斯韦也就被人们公认为是‘自牛顿之后又出现的一位伟大的物理学家’。

“就在赫兹离世的那一年，一位来自意大利的 20 岁年轻人 G. 马可尼（Marconi Guglielmo，1874—1937，意大利物理学家），他在伦巴第度假时读到了赫兹关于电磁波的论文。两年后，G. 马可尼就在公开的场合进行无线电通信表演，不久，他组建了公司并拿到了专利证书。赫兹离世后的第 7 年，无线电波成功地越过了大西洋，实现距离为 3380 千米的通信。与此同时，俄国的物理学家 A. S. 波波夫（Alexander Stepanovich Popov，1859—1906）也在无线电通信领域做出了同样的贡献，在相隔 5 千米的两艘军舰‘非洲’号和‘欧洲’号之间实现了通信。他们掀起了一场科技革命的风暴，将人类社会推进到信息时代。

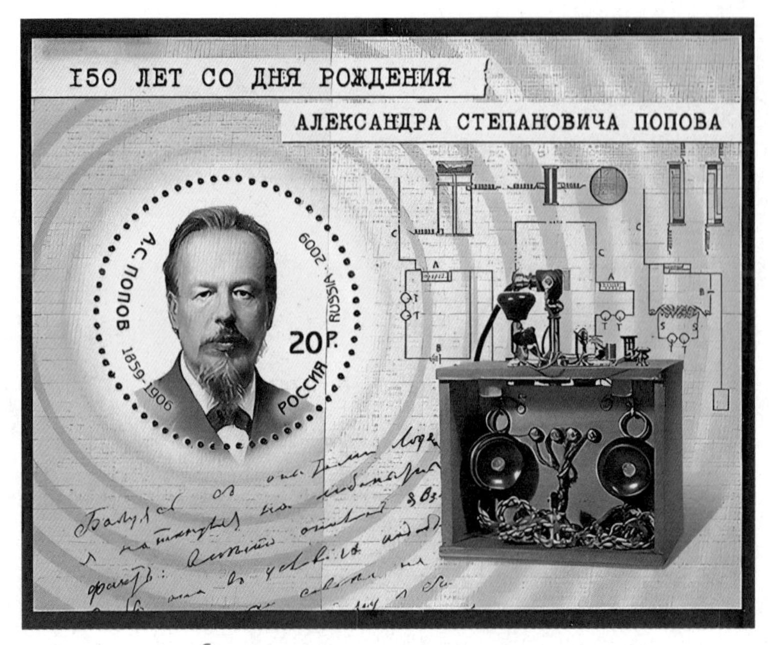

波波夫诞辰 150 周年纪念邮票

“麦克斯韦在 1873 年，曾做过关于电磁辐射压力的预言。1899 年，这个预言被美国的尼科尔斯和赫尔所证实，后经进一步测定，表明电磁辐射可以有很宽的频率范围，其中包括热辐射、可见光、无线电波、X 射线等，证实了麦克斯韦的看法，发现了宇宙间一大类自然现象的统一性。

“在当今社会中，电视机、手机等，这些让我们的生活无法离开的电磁设备，它们都是依赖无线通信技术才出现的。在二百多年前，这是谁也无法想象到的电子器件，而这些器件的运作靠的都是看不见、摸不着的电磁波，它的发现是人类文明发展史中极为重要的一座里程碑。

W 教授又说：

“1894 年 1 月 1 日，赫兹在德国波恩不幸离世，享年 37 岁。为纪念他的功绩，人们用他的名字命名各种振荡频率单位，简称‘赫’，表示每秒内周期性振荡的次数，符号是 Hz。

赫兹墓地和纪念像

“1896 年，赫兹去世才两年，意大利的马可尼在父亲的庄园里成功地把无线电信号发送到 2.4 千米的距离，第一次用电磁波传递信息。因在无线电报上所做的贡献，G. 马克尼与 K. 布恩劳共同获 1909 年诺贝尔物理学奖。赫兹发现金属被紫外光照射后会失去电子的现象，到了 1905 年，赫兹去世的第十一年，这种现象由爱因斯坦给予解释，爱因斯坦对光电效应的解释使他获得 1921 年诺贝尔物理学奖。

“20 世纪，无线电通信有了惊人的发展。赫兹的实验，不仅证实了麦克斯韦的电磁理论，更为无线电、电视和雷达的发展找到了途径。光电效应的揭秘，为‘量子’概念的提出提供了实验依据，到 20 世纪 20 年代，量子理论日趋完善，物理世界又迎来了一个崭新的时代。

“尊敬的赫兹先生，你走得实在太急了！你发现了阴极射线穿透金属的现象，但错失发现 X 射线。W.C. 伦琴因发现 X 射线而获得 1901 年第一次颁发的诺贝尔物理学奖。”